高等职业教育“十三五”规划教材（新能源课程群）

光伏发电系统安装与调试

主　编　陈圣林　董圣英

副主编　郭　云　梁　强　王东霞

中国水利水电出版社
www.waterpub.com.cn
·北京·

内 容 提 要

本书是在多年新能源类教学和实践的基础上，根据职业岗位知识和技能的需求，结合高职教育的办学定位，为高职高专新能源类专业编写的系列化教材。

本书将光伏发电系统安装与调试的相关知识和技能融入到六个典型项目中，内容涉及光伏发电系统规划、光伏发电系统电池组件的安装与调试、光伏发电储能系统的安装与调试、光伏发电系统控制器的安装与调试、光伏发电逆变系统的安装与调试，以及光伏发电监控系统的安装与调试。各项目以典型工作任务为手段，通过学做合一训练，达到掌握光伏发电系统理论、提高实际安装与调试水平、解决生产实际问题的目的。

本书适用于高职高专、技师学院新能源类及电类相关专业光伏发电系统课程教材，对从事光伏发电系统安装与调试专业的工程技术人员也有一定的参考价值。

图书在版编目（CIP）数据

光伏发电系统安装与调试 / 陈圣林，董圣英主编
. -- 北京 : 中国水利水电出版社，2016.5（2025.1 重印）
高等职业教育“十三五”规划教材. 新能源课程群
ISBN 978-7-5170-4303-4

Ⅰ. ①光… Ⅱ. ①陈… ②董… Ⅲ. ①太阳能发电－发电设备－设备安装－高等职业教育－教材②太阳能发电－发电设备－调试方法－高等职业教育－教材 Ⅳ. ①TM615

中国版本图书馆CIP数据核字(2016)第096924号

策划编辑：祝智敏　责任编辑：张玉玲　加工编辑：袁　慧　封面设计：李　佳

书　　名	高等职业教育“十三五”规划教材（新能源课程群） **光伏发电系统安装与调试**
作　　者	主　编　陈圣林　董圣英 副主编　郭　云　梁　强　王东霞
出版发行	中国水利水电出版社 （北京市海淀区玉渊潭南路 1 号 D 座　100038） 网址：www.waterpub.com.cn E-mail：mchannel@263.net（答疑） sales@mwr.gov.cn 电话：（010）68545888（营销中心）、82562819（组稿）
经　　售	北京科水图书销售有限公司 电话：（010）68545874、63202643 全国各地新华书店和相关出版物销售网点
排　　版	北京万水电子信息有限公司
印　　刷	三河市鑫金马印装有限公司
规　　格	184mm×240mm　16 开本　8 印张　174 千字
版　　次	2016 年 5 月第 1 版　2025 年 1 月第 5 次印刷
印　　数	4001—5000 册
定　　价	**26.00 元**

I

序　言

第三次科技革命以来，高新技术产业逐渐成为当今世界经济发展的主旋律和各国国民经济的战略性先导产业，各国相继制定了支持和促进高新技术产业发展的方针政策。我国更是把高新技术产业作为推动经济发展方式转变和产业结构调整的重要力量。

新能源产业是高新技术产业的重要组成部分，能源问题甚至关系到国家的安全和经济命脉。随着科技的日益发展，太阳能这一古老又新颖的能源逐渐成为人们利用的焦点。在我国，光伏产业被列入国家战略性新兴产业发展规划，成为我国为数不多的处于国际领先位置，能够与欧美企业抗衡中保持优势的产业，其技术水平和产品质量得到越来越多国家的认可。新能源技术发展日新月异，新知识、新标准层出不穷，不断挑战着学校专业教学的科学性。这给当前新能源专业技术人才培养提出极大挑战，新教材的编写和新技术的更新也显得日益迫切。

在这样的大背景下，为解决当前高职新能源应用技术专业教材匮乏的问题，新能源专业建设协作委员会与中国水利水电出版社联合策划、组织来自企业的专业工程师、部分院校一线教师，协同规划和开发了本系列教材。教材以新能源工程实用技术为脉络，依托来自企业多年积累的工程项目案例，将目前行业发展中最实用、最新的新能源专业技术汇集进专业方案和课程方案，编写入专业教材，传递到教学一线，以期为各高职院校的新能源专业教学提供更多的参考与借鉴。

一、整体规划全面系统，紧贴技术发展和应用要求

新能源应用技术系列教材主要包括光伏技术应用，课程的规划和内容的选择具有体系化、全面化的特征，涉及到光电子材料与器件、电气、电力电子、自动化等多个专业学科领域。教材内容紧扣新能源行业和企业工程实际，以新能源技术人才培养为目标，重在提高专业工程实践能力，尽可能吸收企业新技术、新工艺和案例，按照基础应用到综合的思路进行编写，循序渐进，力求突出高职教材的特点。

二、鼓励工程项目形式教学，知识领域和工程思想同步培养

倡导以工程项目的形式开展教学，按项目分小组，以团队方式组织实施；倡导各团队成员之间组织技术交流和沟通，共同解决本组工程方案的技术问题，查询相关技术资料，组织小组撰写项目方案等工程资料。把企业的工程项目引入到课堂教学中，针对工程中实际技能组织教学，让学生在掌握理论体系的同时，能熟悉新能源工程实施中的工作技能，缩短学生未来在企业工作岗位上的适应时间。

三、同步开发教学资源，及时有效更新项目资源

为保证本系列课程在学校的有效实施，丛书编委会还专门投入了大量的人力和物力，为系列课程开发了相应的、专门的教学资源，以有效支撑专业教学实施过程中的备课授课，以及项目资源的更新、疑难问题的解决，详细内容可以访问中国水利水电出版社万水分社的万水书苑网站，以获得更多的资源支持。

本系列教材的推出是出版社、院校教师和企业联合策划开发的成果。教材主创人员先后数次组织研讨会开展交流、组织修订以保证专业建设和课程建设具有科学的指向性。来自皇明太阳能集团有限公司、力诺集团、晶科能源有限公司、晶科电力有限公司、越海光通信科技有限公司、山东威特人工环境有限公司、山东奥冠新能科技有限公司的众多专业工程师和产品经理于洪水、彭波、黄小章、姜金国等为教材提供了技术审核和工程项目方案的支持，并承担全书的技术资料整理和企业工程项目的审阅工作。山东理工职业技术学院的静国梁、曲道宽，威海职业学院的景悦林，菏泽职业学院的王记生，皇明太阳能职业中专的董兆广等都在教材成稿过程中给予了支持，在此一并表示衷心感谢！

本书规划、编写与出版过程历经三年时间，在技术、文字和应用方面历经多次的修订，但考虑到前沿技术、新增内容较多，加之作者文字水平有限，错漏之处在所难免，敬请广大读者批评指正。

丛书编委会

前　言

太阳能作为清洁、可再生的能源得到了全世界的广泛重视，光伏发电产业作为世界高度关注的新能源产业之一，近年来发展迅猛。大力发展新能源行业，走可持续发展的道路已经成为世界各国的广泛共识。

由于太阳能光伏发电的独特优势，它的应用已经得到了人们的广泛重视。我国太阳能资源丰富，为发展太阳能光伏发电创造了有利的自然条件，光伏产业已经成为我国高速发展的高新技术产业之一，其应用领域日趋扩大。随着科技未来的发展和社会的不断进步，太阳能光伏发电在能源结构中所占的份额将逐年增加。在不远的将来，太阳能光伏发电必将成为世界能源供应的主体，必将迎来一个崭新辉煌的时代。

全书由陈圣林、董圣英主编，郭云、梁强、王东霞任副主编。参加编写的还有李飞、杨春民、邵在虎、崔健、李建勇、裴勇生、杜锐（山东省电力公司齐河供电公司）、施秉旭等。编写分工为：陈圣林负责编写项目一与项目六，董圣英负责编写项目五，郭云负责编写项目三，梁强负责编写项目四，王东霞负责编写项目二，李飞、杨春民、邵在虎对本书中的任务实施部分进行了实际验证，崔健博士对书中的电路理论分析与计算进行了校验，李建勇、裴勇生以及施秉旭对书中的硬件电路进行了核对与仿真调试，杜锐为本书提供了大量相关资料，全书由陈圣林统稿。本书作者也是新能源系列精品资源共享课建设团队的主要成员，部分老师还参与了课程网站的建设和维护工作。本书的出版还要特别感谢李志兴高级工程师，为本书的编写提供了诸多建议，另外还要感谢殷淑英教授，她对本书提出了非常宝贵的意见，特别是书中内容的编排、案例选取、文叙风格、难易程度的把握等。全书得到了中国水利水电出版社万水分社相关领导的大力支持和策划团队的用心指导，在此深表感谢。

编　者

2016 年 1 月

目　录

1 光伏发电系统规划

【项目导读】

目前，光伏发电系统存在的主要问题是初投资较高、成本大。因此，用户根据实际负载的需求，合理构建不同组成方式的光伏发电系统，可以有效地降低成本，提高系统的效能。

任务一　认识光伏发电系统

【任务描述】

太阳能发电技术有两大类，分别是光热发电和光伏发电。通常所说的太阳能发电是指光伏发电。光伏发电系统的规模和应用形式有简单和复杂之分。例如最简单的光伏发电系统，仅由光伏组件和负载组成；对于复杂的光伏发电系统则要由光伏阵列、控制器、蓄电池、逆变器、汇流箱、交直流配电柜、系统检测与计量设备等部件组成。

【相关知识】

一、独立光伏发电系统

独立光伏发电系统是光伏发电应用最原始、最简单的一种供配电方式。独立光伏发电系统不和电网相连，系统独立发电、独立供电，环保安全，不需要其他能源消耗，直接向负载供电，系统组成如图 1.1.1 所示。

这种供电系统的优点是简单、经济、灵活，适用范围广；缺点是用电可靠性差，管理控制比较分散、麻烦。一般仅用于用电量小、分散性大的用电负荷。

图 1.1.1　独立光伏发电系统

1. 无蓄电池的直流光伏发电系统

系统主要由太阳能电池板和负载组成，如图 1.1.2 所示。

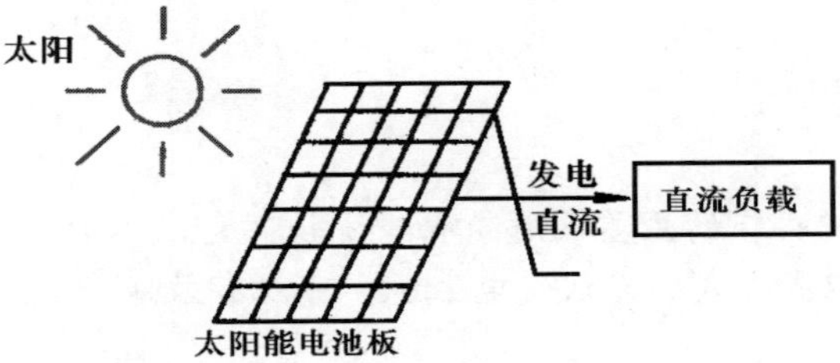

图 1.1.2　无蓄电池直流发电系统组成

典型应用：太阳能光伏水泵以及一些小型的太阳能电池计算器、玩具、日用品等。

2. 有蓄电池的直流光伏发电系统

系统主要由太阳能电池板、控制器、蓄电池、直流配电箱和负载组成，如图 1.1.3 所示。

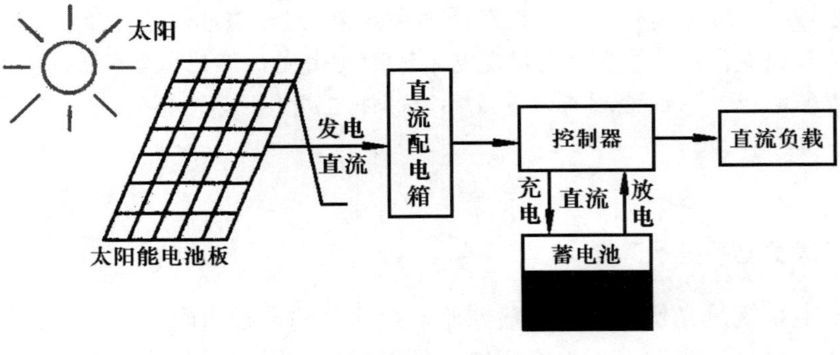

图 1.1.3　有蓄电池直流发电系统组成

典型应用：小到太阳能草坪灯、庭院灯，大到远离电网的移动通信基站、微波中转站，边远地区农村供电等。

3. 交流及交、直流混合光伏发电系统

系统主要由太阳能电池板、控制器、蓄电池、逆变器和负载组成，如图 1.1.4 所示。

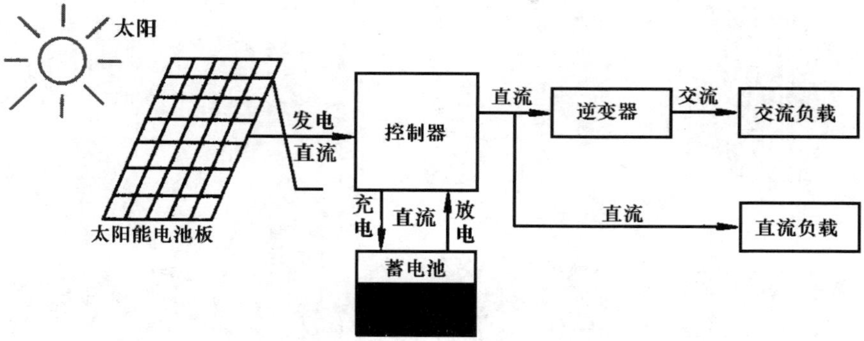

图 1.1.4 交流及交、直流混合光伏发电系统组成

典型的应用：太阳能光伏户用系统，无电地区小型光伏发电站，移动通信基站，气象、水文、环境检测站等。

4. 市电互补型光伏发电系统

在独立光伏发电系统中以太阳能光伏发电为主，以普通 220V 交流电补充电能为辅的供电系统，系统组成如图 1.1.5 所示。

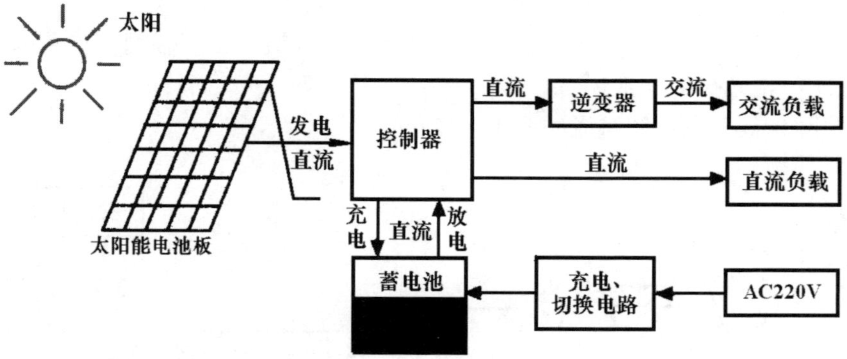

图 1.1.5 市电互补型光伏发电系统组成

典型的应用：太阳能路灯改造工程。

二、并网光伏发电系统

并网光伏发电系统把太阳能电池发出的电能，不经过蓄电池储能，直接通过并网逆变器把电能送上电网。太阳能并网发电代表了太阳能发电的发展方向，系统组成如图 1.1.6 所示。

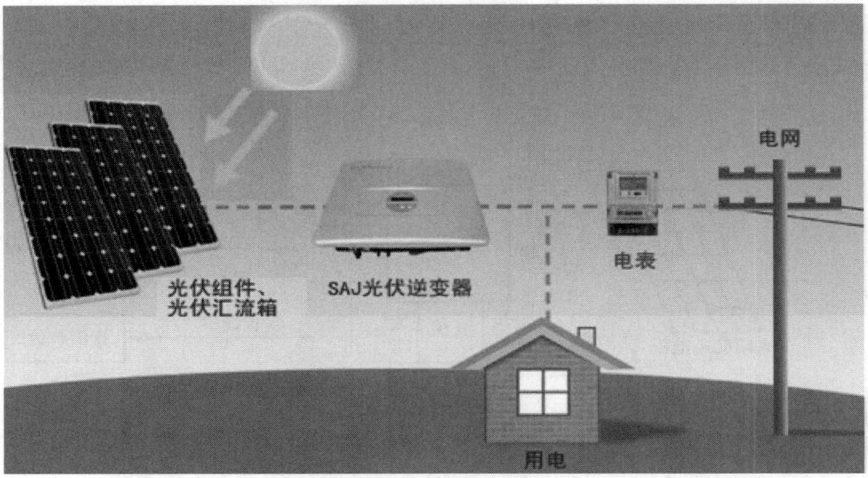

图 1.1.6　并网光伏发电系统

与离网发电系统相比，并网发电系统具有许多独特的优点，可概括如下：

（1）利用清洁、可再生的太阳能发电，不消耗煤炭等石化资源，使用中无温室气体和污染物排放，与生态环境和谐，符合经济社会可持续发展战略。

（2）所发电能馈入电网，以电网为储能装置，省掉蓄电池，降低发电系统的成本，杜绝了蓄电池的二次污染。

（3）对电网可起到一定的调峰作用。

并网光伏发电系统分为集中式大型并网光伏系统，分散式小型并网光伏系统。

1. 有逆流并网光伏发电系统

有逆流并网光伏发电系统组成如图 1.1.7 所示。

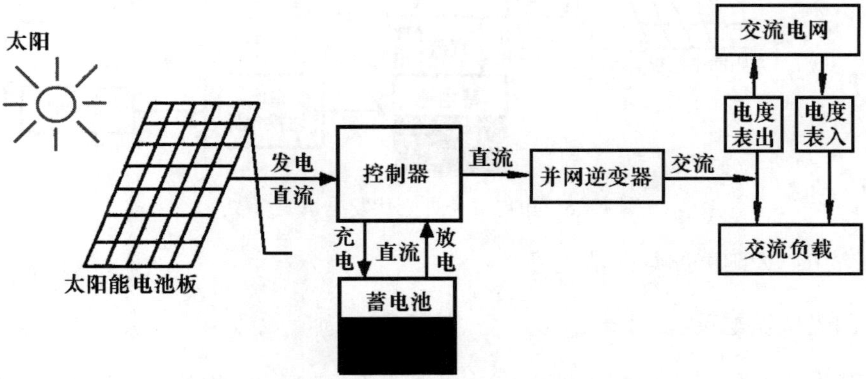

图 1.1.7　有逆流并网光伏发电系统组成

该发电系统的特点：太阳能光伏系统发出的电能充裕时，“卖电”；太阳能光伏系统发出的电能不足时，“买电”。

2. 无逆流并网光伏发电系统

无逆流并网光伏发电系统组成如图 1.1.8 所示。

该系统的特点：太阳能光伏发电系统发电充裕时不向公共电网供电，但当太阳能光伏系统供电不足时，由公共电网向负载供电。

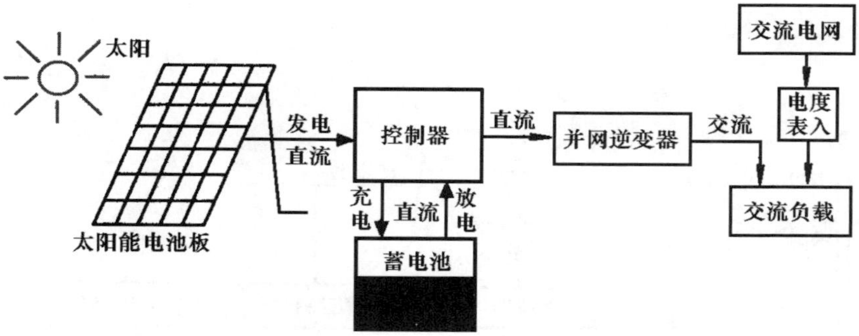

图 1.1.8　无逆流并网光伏发电系统组成

三、风光互补发电系统

风力发电和光伏发电配合组成的混合发电系统，称为风光互补发电系统。由于太阳能与风能的互补性强，风光互补发电系统在资源上弥补了风力发电和光伏发电独立系统的缺陷。同时，风力发电和光伏发电系统在蓄电池组和逆变环节上可以通用，所以风光互补发电系统的造价可以降低，系统成本趋于合理，该系统如图 1.1.9 所示。

相对于独立风能发电系统和独立光伏发电系统，风光互补发电系统具有如下特点：

图 1.1.9　风光互补发电系统

（1）风光互补发电系统可以同时利用风能和太阳能进行发电，充分利用了自然气象资源，白天可能具有较好的太阳能资源，夜间则可能具有较丰富的风能资源。在太阳能和风能丰富且互补性较好的条件下，可获得连续、稳定的电力供应，具有更好的经济效益和社会效益。

（2）相同容量系统的初投资和发电成本均低于独立的光伏发电系统。如果电站所在地太阳资源和风力资源具有较好的互补性，则可以适当地减少蓄电池容量，降低系统成本、减少对环境的二次污染。

风光互补发电系统的组成如图 1.1.10 所示。

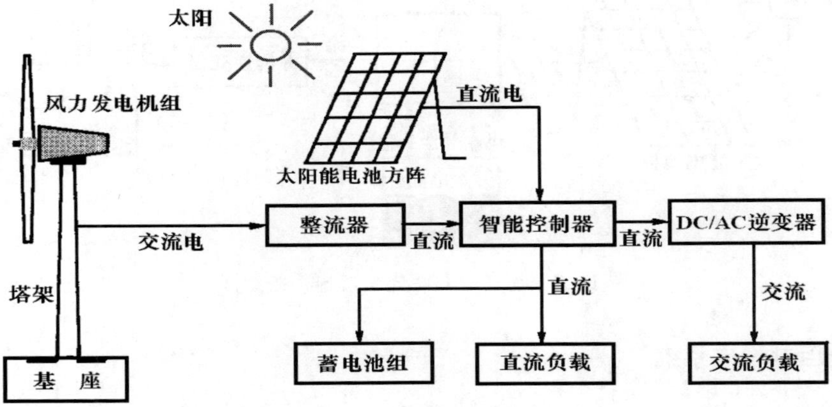

图 1.1.10　风光互补发电系统组成

光伏发电技术最初主要应用在军事、航天领域，随着光伏发电技术的发展和光伏产品成本的不断下降，目前光伏发电技术广泛应用于工业、农业、科技及人们的日常生活中，如图 1.1.11 所示。光伏发电主要应用领域如下：

（1）消费性电子产品，如非晶硅太阳能电池供电的计算器、太阳能钟表、太阳能照明灯具、太阳能收音机、电视机等，这类产品约占世界光伏产品销售量的 14%。

（2）远离电网居民供电系统，包括家庭分散供电和独立太阳能光伏电站的集中供电，占世界光伏产品销量的 35%。

（3）离网工业供电系统，占世界光伏产品销量的 33%。

（4）并网太阳能光伏发电系统，占世界光伏产品销售量的 18%。

【任务实施】

参观光伏发电实训室，对照 KNT-SPV02 型光伏发电实训系统，填写表 1-1。

图 1.1.11　光伏技术应用实例

表 1-1

设备（或器件）名称	型号	作用

注：此表可自行添加或附页。

任务二　调研光伏发电企业

【任务描述】

国务院常务会议审议并原则通过《国务院关于加快培育和发展战略性新兴产业的决定》，七个产业被纳入战略性新兴产业规划。新能源产业就是其中之一。

【相关知识】

一、光伏发电的意义

1. 能源需求量日益增加，化石能源的储量有限

中国及世界主要常规能源储量预测如图 1.2.1 所示。

2. 自然生态环境日趋恶化

能源消耗增加、自然生态破坏、人造气体增加、环境恶化。

3. 常规电网的局限性

电网输电到边远地区困难，电力供应不足。

4. 寻求新能源

主要新能源形式如图 1.2.2 所示。

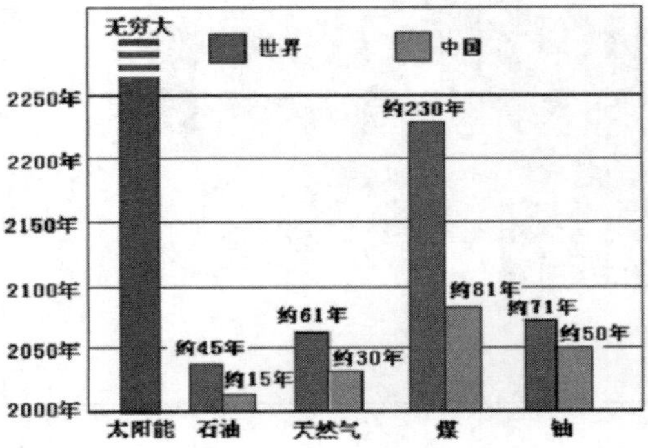

图 1.2.1　常规能源储量预测

图 1.2.2　主要能源形式

二、光伏发电的特点

1. 优点

（1）光伏发电系统工作性能稳定可靠，使用寿命长（30 年以上）。

（2）太阳能电池组件结构简单，体积小、重量轻，便于运输和安装。

太阳能电池是一种大有前途的新型电源，具有永久性、清洁性和灵活性三大优点。

2. 缺点

（1）能量密度低（$<1\text{kW/m}^2$）。

（2）占地面积大。

（3）转换效率低，晶体硅光伏电池为 13%～17%，非晶硅光伏电池只有 6%～8%。

（4）间歇性工作。

（5）受气候环境因素影响大。

（6）地域依赖性强。

（7）系统成本高，太阳能电池组件 2 美元/W。

（8）晶体硅电池的制造过程高污染、高能耗。

【任务实施】

参观 XX 光伏发电企业，填写表 1-2。

表 1-2

参观企业	
参观时间	
主要人员	
单位地点	
企业情况记录	
企业情况记录：	
参观方式及其说明：	
参观流程计划（可附页）：	
心得体会： 本人签字： 年　月　日	

注：此表可附页。

【项目总结】

太阳能光伏发电具有分布广、无污染、建设周期短、能源巨大、永不枯竭的特点，但是太阳能能量密度低，受季节、天气、昼夜变化影响大，同时，并网麻烦，地域依赖性强，效率低、发电成本高，因此，未来太阳能光伏发电系统功能的改进必将是一个系统性的工程。

【项目训练】

1．太阳能发电技术分几类，简述其特点。
2．简述有蓄电池的直流光伏发电系统的各部分功能。
3．图 1.2.3 是什么类型的光伏发电系统，它有什么特点？

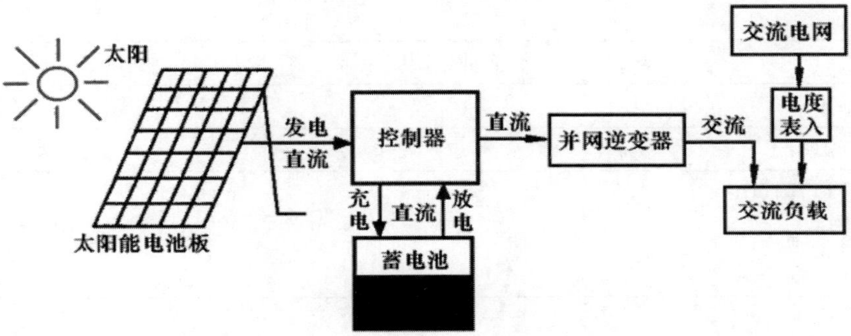

图 1.2.3　光伏发电系统框图

4．并网光伏发电有什么特点？
5．简述光伏发电系统的应用领域。
6．简述光伏发电的优缺点。

2

光伏发电系统电池组件的安装与调试

【项目导读】

太阳能电池单体是光电转换的最小单元，尺寸一般为 4～100cm^2 不等。太阳能电池单体的工作电压约为 0.5V，工作电流约为 20～25mA/cm^2，一般不能单独作为电源使用。将太阳能电池单体进行串并联封装后，就成为太阳能电池组件，其功率一般为几瓦至几十瓦，是可以单独作为电源使用的最小单元。太阳能电池组件经过串并联组合安装在支架上，就构成了太阳能电池方阵。

任务一　测试太阳能组件

【任务描述】

太阳能电池单体是光电转换的最小单元，一般不能单独作为电源使用。将太阳能电池单体进行串并联封装后，就成为太阳能电池组件，太阳能电池组件经过串并联组合安装在支架上，就构成了太阳能电池方阵。

【相关知识】

太阳能电池单体尺寸一般为 4～100cm^2 不等，工作电压约为 0.5V，工作电流约为 20～25mA/cm^2，其功率一般为几瓦至几十瓦，太阳能电池组件是可以单独作为电源使用的最小单元，构成太阳能电池方阵后，可以满足负载所要求的输出功率，如图 2.1.1 所示。

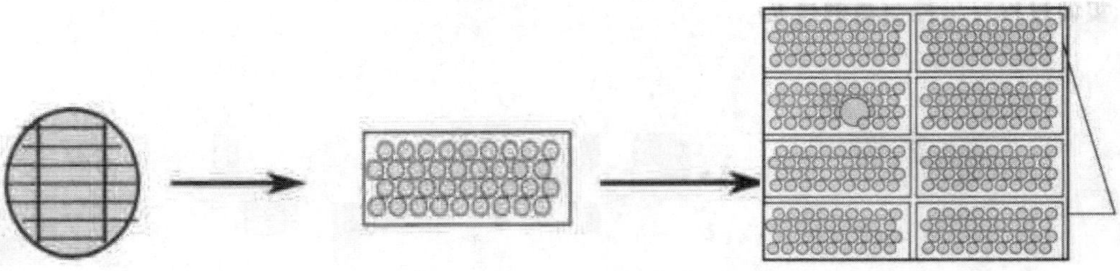

图 2.1.1　太阳能电池单体、组件和方阵

一、太阳能电池组件的设计

单体太阳能电池不能直接作电池使用。作电源用时，必须将若干单体电池串并联连接并严密封装成组件。

对太阳能电池组件要求如下。

（1）有一定的标称工作电流输出功率。

（2）工作寿命长，要求组件能正常工作 20～30 年，因此要求组件所使用的材料、零部件及结构在使用寿命上互相一致，避免因一处损坏而使整个组件失效。

（3）有足够的机械强度，能经受在运输、安装和使用过程中发生的冲突、振动及其他应力。

（4）组合引起的电性能损失小。

（5）组合成本低。

二、太阳能电池组件的常见结构形式

常规的太阳能电池组件结构形式有几种，玻璃壳体式组件如图 2.1.2 所示，底盒式组件如图 2.1.3 所示，平板式组件如图 2.1.4 所示，无盖板的全胶密封组件如图 2.1.5 所示。目前还出现较新的双面钢化玻璃封装组件。

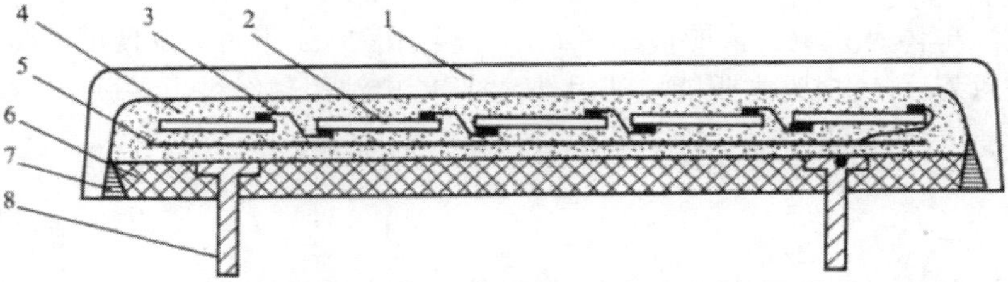

1—玻璃壳体；2—硅太阳能电池；3—互连条；4—黏结剂；
5—衬底；6—下底板；7—边框线；8—电极接线柱

图 2.1.2　玻璃壳体式太阳能电池组件示意图

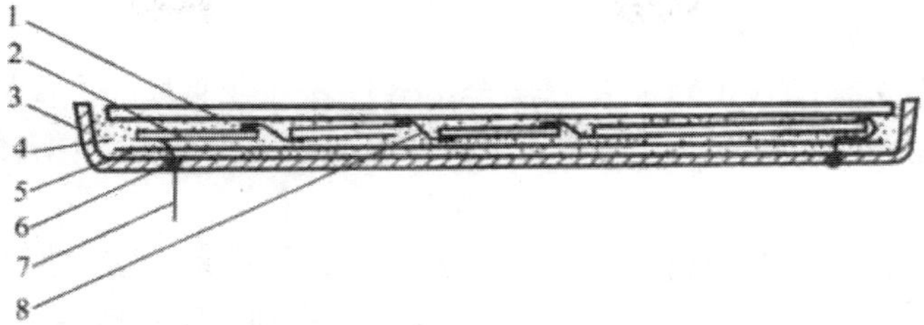

1—玻璃盖板；2—硅太阳能电池；3—盒式下底板；4—黏结剂；5—衬底；
6—固定绝缘胶；7—电极引线；8—互连条

图 2.1.3 底盒式太阳能电池组件示意图

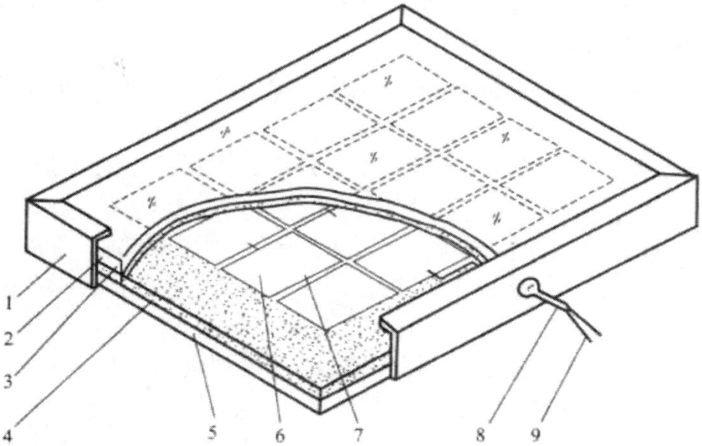

1—边框；2—边框封装胶；3—上玻璃盖板；4—黏结剂；5—下底板；
6—硅太阳能电池；7—互连条；8—引线护套；9—电极引线

图 2.1.4 平板式太阳能电池组件示意图

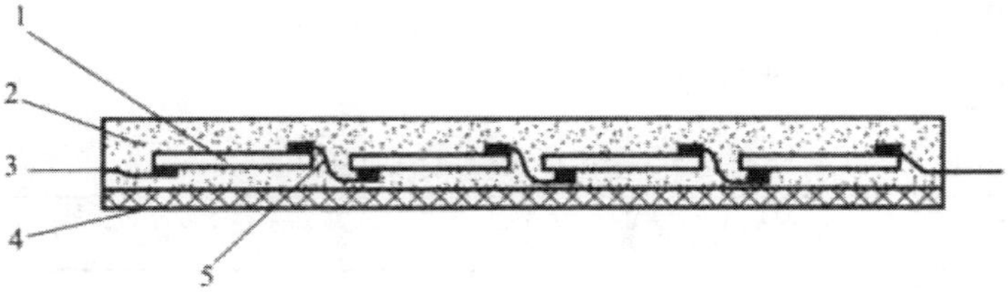

1—硅太阳电池；2—黏结剂；3—电极引线；4—下底板；5—互连条

图 2.1.5 全胶密封太阳能电池组件示意图

三、太阳能电池组件的封装材料

太阳能电池的可靠性在很大程度上取决于其防腐、防风、防雹、防雨等能力。其潜在的质量问题是边沿的密封以及组件背面的接线盒。

这种组件的前面是玻璃板，背面是一层合金薄片。合金薄片的主要功能是防潮、防污。太阳能电池也是被镶嵌在一层聚合物中。在这种太阳能电池组件中，电池与接线盒之间可直接用导线连接。

组件工作寿命的长短和封装材料、封装工艺有很大的关系，它的好坏是决定组件寿命的重要因素之一。在组件中，它是一项易被忽视但在实用中却是决不能轻视的部件。现对材料分述如下。

（1）上盖板。上盖板覆盖在太阳能电池组件的正面，构成组件的最外层，它既要透光率高，又要坚固，起到长期保护电池的作用。

做上盖板的材料有钢化玻璃、聚丙烯酸类树脂、氟化乙烯丙烯、透明聚酯、聚碳酯等。目前，低铁钢化玻璃为最普遍的上盖板材料。

（2）黏结剂。主要有室温固化硅橡胶、氟化乙烯丙烯、聚乙烯醇缩丁醛、透明双氧树脂、聚醋酸乙烯等。

一般要求其在可见光范围内具有高透光性、弹性、良好的电绝缘性能，能适用自动化的组件封装。

（3）底板。一般为钢化玻璃、铝合金、有机玻璃、回丙氟橡胶（TPF）等。

目前较多应用的是 TPF 复合膜，要求具有良好的耐气候性能；层压温度下不起任何变化；与黏结材料结合牢固。

（4）边框。平板组件必须有边框，以保护组件和组件与方阵的连接及固定。边框为黏结剂构成对组件边缘的密封。主要材料有不锈钢、铝合金、橡胶、增强塑料等。

四、太阳能电池组件的计算

确定太阳能光伏发电系统的电池组件需要了解一些基本数据：负载功率、额定工作电压、连续工作时间、太阳能电池组件安装的地理位置（纬度）、气象资料（太阳辐射总量、平均日照数、最长连续阴雨天数等）。

全国各大城市标准日照时数见表 2-1。

表 2-1 全国各大城市标准日照时数

城市	纬度 ø/（°）	斜面日均辐射量/（kJ/m^2）	日辐射量 H_t/（kJ/m^2）	最佳倾角/（°）
哈尔滨	45.68	15838	12703	ø+3
长春	43.90	17127	13572	ø+1
沈阳	41.77	16563	13793	ø+1
北京	39.80	18035	15261	ø4
天津	39.10	16722	14356	ø5
呼和浩特	40.78	20075	16574	ø+3

续表

城市	纬度 ø/（°）	斜面日均辐射量/（kJ/m^2）	日辐射量 H_t/（kJ/m^2）	最佳倾角/（°）
太原	37.78	17394	15061	ø+5
乌鲁木齐	43.78	6594	14464	ø+12
西宁	36.75	19617	16777	ø+1
兰州	36.05	15842	14966	ø+8
银川	38.48	19615	16553	ø+2
西安	34.30	12952	12781	ø+14
上海	31.17	13691	12760	ø+3
南京	32.00	14207	13099	ø+5
合肥	31.85	13299	12525	ø+9
杭州	30.23	12372	11668	ø+3
南昌	28.67	13714	13094	ø2
福州	26.08	12451	12001	ø+4
济南	36.68	15994	14043	ø+6
郑州	34.72	14558	13332	ø+7
武汉	30.63	13707	13201	ø+7
长沙	28.20	11589	11377	ø+6
广州	23.13	12702	12110	ø+0
海口	20.03	13510	13835	ø+2
南宁	22.82	12734	12515	ø+5
成都	30.67	10304	10392	ø+2
贵阳	26.58	10235	10327	ø+8
昆明	25.02	15333	14194	ø+0
拉萨	29.70	24151	21301	ø+6

根据所确定的基本数据，利用下面的计算公式或计算过程可以选择电池组件和蓄电池的容量。

（1）太阳能电池组件串联数 N_s。太阳能电池组件端电压等于蓄电池浮充电压时，蓄电池具有最佳充电状态，计算公式：

$$N_s=U_r/U_dc = (U!+U_d\text{^}U_c)/U_{dc}$$

式中：U_r——太阳能电池组件输出的最小电压；U_{dc}——太阳能电池组件最佳工作电压；U!——蓄电池浮充电压；U_d——二极管压降，一般取 0.7V；U_c——其他因素引起的压降。

（2）太阳能电池组件安装地点的太阳能日辐射量 H_t 转换成在标准光强下的平均日辐射时

数 H(h)计算公式：

$$H = H_t \times 2.778/10000$$

式中：2.778/10000——将日辐射量换算为标准光强（1000W/m^2）下的平均日辐射时数的系数。

（3）太阳能电池组件日发电量 Q_p(A•h)计算公式：

$$Q_p = I_{oc} H K_{op} C_z \text{ (A• h)}$$

式中：I_{oc}——太阳能电池组件最佳工作电流；H——太阳能电池组件日工作小时数；K_{op}——斜面日辐射量修正系数，按太阳能电池组件安装地纬度的不同，斜面日辐射量修正系数 K_{op} 取 1.09～1.14；C_z——组合、衰减、灰尘、充放电效率等损失系数，一般取 0.8。

（4）连续阴雨天蓄电池需补充的容量 B_{cb}(A•h)计算公式：

$$B_{cb}=AQ_1N$$

$$Q_L=(P/U_L)N$$

式中：A——安全系数，一般取 1.1～1.4；Q_L——负载日耗电量，取值一般为负载工作电流乘以日工作小时数 N；P——负载功率；U_L——负载工作电压。

（5）太阳能电池组件并联数 N_P 计算公式：

$$N_p = (B_{lb} + N_w Q_1)/(Q_p N_w)$$

式中：N_w 为最长两次连续阴雨天之间的最短间隔天数。

（6）太阳能电池组件的功率 P 计算公式：

$$P=P_o N_s N_p$$

式中，P_o 为太阳能电池组件的额定功率。

【任务实施】

借助 KNT-SPV02 型光伏发电实训系统完成光伏电池组件的安装与测试要求：①将 4 块光伏电池组件正确地安装在光伏供电装置上，紧固件不松动。②光伏电池组件开路电压和短路电流的测量。

（1）分别在关闭灯 1 和灯 2、灯 1 亮、灯 1 和灯 2 亮的三种情况下，用万用表测量光伏供电装置中任意 1 块光伏电池组件的开路电压和短路电流，在表 2-2 中记录该光伏电池组件的开路电压值和短路电流值。

（2）将 2 块光伏电池组件串联连接。分别在关闭灯 1 和灯 2、灯 1 亮、灯 1 和灯 2 亮三种情况下，用万用表测量该串联连接的光伏电池组件的开路电压和短路电流，在表 2-2 中记录该串联连接的光伏电池组件的开路电压值和短路电流值。

（3）将 2 块光伏电池组件并联连接。分别在关闭灯 1 和灯 2、灯 1 亮、灯 1 和灯 2 亮三种情况下，用万用表测量该并联连接的光伏电池组件的开路电压和短路电流，在表 2-2 中记录该并联连接的光伏电池组件的开路电压值和短路电流值。

表 2-2　光伏电池组件开路电压和短路电流的测量数据

光伏电池组件	关闭灯 1 和灯 2		灯 1 亮		灯 1 和灯 2 亮	
	开路电压（V）	短路电流（A）	开路电压（V）	短路电流（A）	开路电压（V）	短路电流（A）
1 块						
2 块串联						
2 块并联						

任务二　制作太阳能组件

【任务描述】

一块性能良好的光伏组件，除了有好的电池片以外，每种封装材料的选择和每个工序的生产都非常重要。任何一个不经意的粗心都可能导致整块组件性能下降，甚至提前报废。在实际的应用中必须有足够长的使用寿命才能够体现出节能环保的价值，一般我们对客户承诺我们的产品使用寿命至少为 25 年，为了保证太阳能电池组件的使用寿命和产品性能，制作工艺尤为重要。

【相关知识】

太阳能电池组件的准备、维修、制造工艺流程如图 2.2.1 所示，一块标准的太阳能电池组的分层如图 2.2.2 所示。

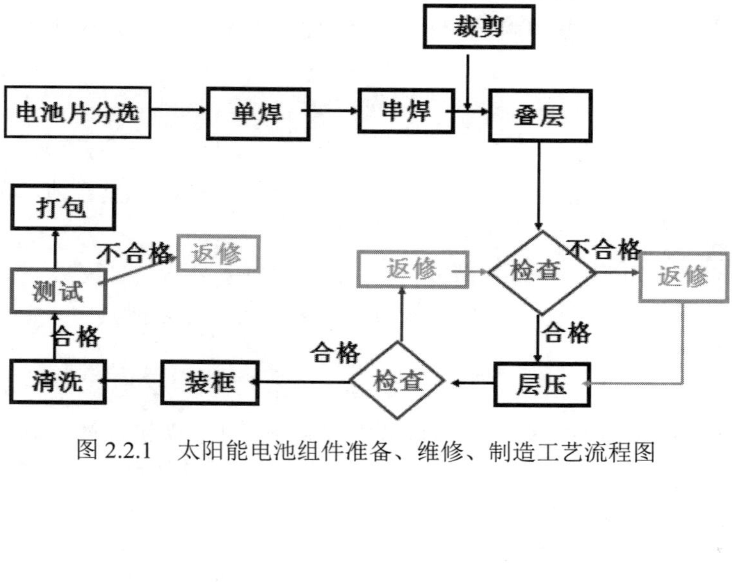

图 2.2.1　太阳能电池组件准备、维修、制造工艺流程图

一、选片

将电池按照《Simpower 电池外观检查标准》依次检查电池的正面、反面及侧边。将电池正面向上，按照外观分大缺口、小缺口、合格片、印刷不良、亮点、自损断片、崩边、镀膜不良、脱层、栅线脱落、斜断等。不合格产品，如图 2.2.3 所示。

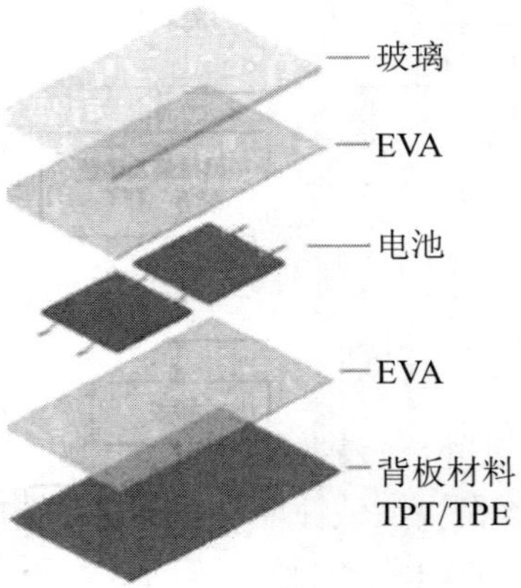

图 2.2.2　太阳能电池组件的分层图

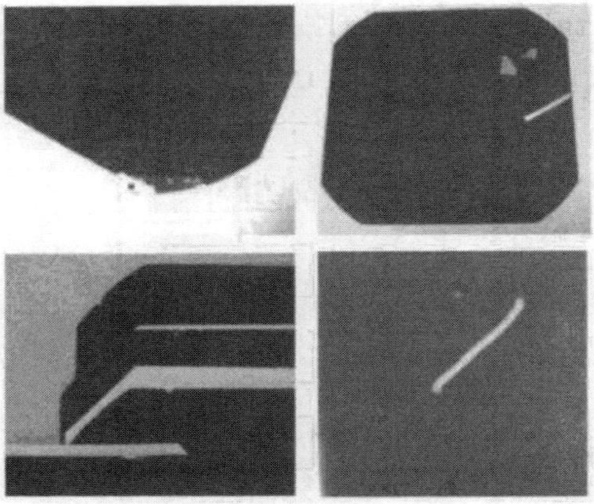

图 2.2.3　不合格电池片产品

二、电池切割

电池切成小片主要是为了匹配电压。由于禁带宽度对于太阳能电池是恒定的，一般来说不论电池切割成多少份，电压都不变。那么就可以把完整的电池片切割成 N 份，然后把这些小片串联起来，就能得到 N 倍的电压。当然相应的电流就缩小为 1/N，因为功率是不会变化的。

目前电池切割主要采用太阳能电池切割机。该种机器属于激光划片机系列设备，工作时，光源采用氪灯泵浦 YAG 激光器和声光调制系统，数控 X/Y 工作台，步进电动机驱动等。

三、弱光测试

目前在完成切片后的电池片中有一部分电池片存在早期光致衰减现象，这主要与硅片中的硼氧浓度有关系，光照或电流注入导致硅片中的硼和氧形成硼氧复合体，从而使少子寿命降低，但经过退火处理，少子寿命又可恢复。

在经过弱光光照 1.5h 后（光源为节能灯），电池片效率衰减，且离散型很大，效率最高的为 15.4%，最低的仅为 13%，衰减比率达 3.75%～18.75%，必须把其中一部分剔除。

四、排片

为串片做准备。按照图纸要求将电池摆放在模具上，正、负极摆放正确，如图 2.2.4 所示。

注意：①电池正、负极排放正确；②组件所需物料规格按图纸要求；③每排完一块组件所需电池串后，需用棉布蘸取适量酒精清洁模具。

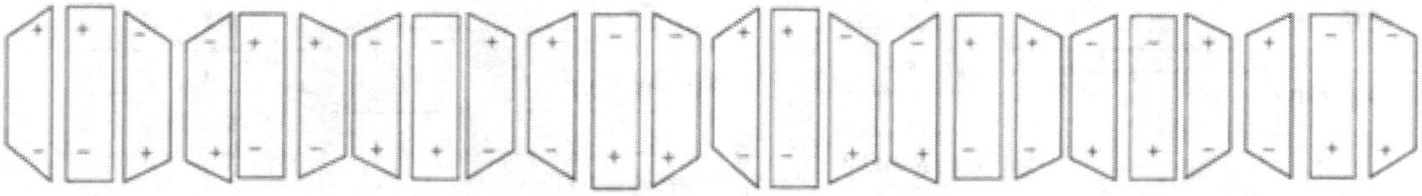

图 2.2.4　电池片排片

五、串片

将所有电池片串并联在一起，如图 2.2.5 所示。串片所需材料有涂锡带、酒精、高温布、焊锡丝、干净棉布。

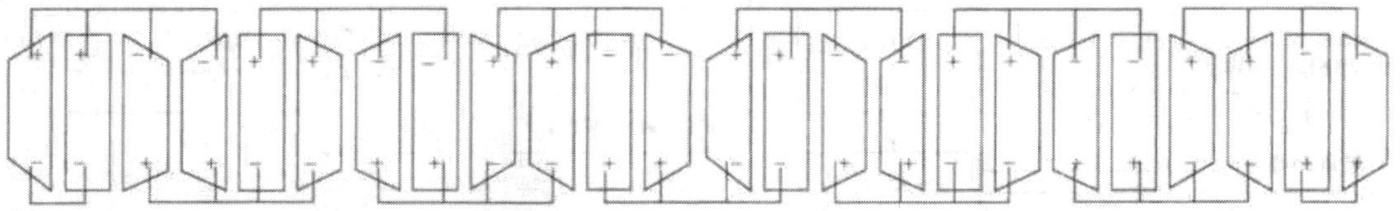

图 2.2.5　电池片串片

注意事项：

1. 为了防止焊接时焊锡珠的飞溅，烙铁头从焊点处抬起时力度不宜过大。
2. 如果锡珠粘到电池背面的金属栅线上，应该用蘸有酒精的干净棉布擦拭。
3. 串片前应将涂锡带浸泡在助焊剂中 15min，助焊剂每隔 4h 更换一次。
4. 每焊接完一组电池后，需用棉布蘸取适量酒精清洁模具。

六、单串外观检查

用放大镜观察颗粒和杂高点、虚焊、漏焊、锡珠或未熔的助焊膏物，电池边缘是否有金属丝或栅线脱落，如果有则用镊子夹出。

七、单串电压测试及吹片

用专用太阳能系统测试电学性能是否符合标准（包括 U_{oc}、E_{ff}、FF 等）。测试后进行吹片。即吹掉电池片表面脏物，仔细检查电池串是否有不合格现象（虚焊、连焊、高点等），如图 2.2.6 所示，若有则进行返修。

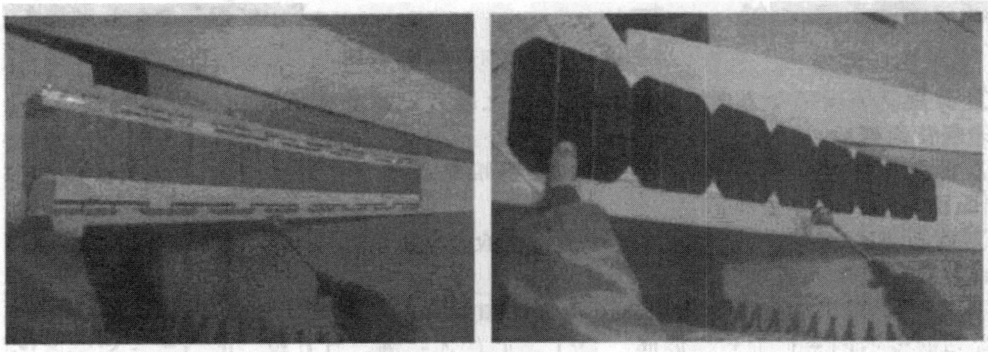

图 2.2.6　吹片效果图

八、排版与电路连接

排版是将单串电池片连接在一起，为电路连接做准备，如图 2.2.7 所示。排版所用材料有可发性聚乙烯（EPE）、高温黏合带、绝缘带、电池串、钢化玻璃。将排版后的电池片按照图纸要求，把单串电池串联在一起。

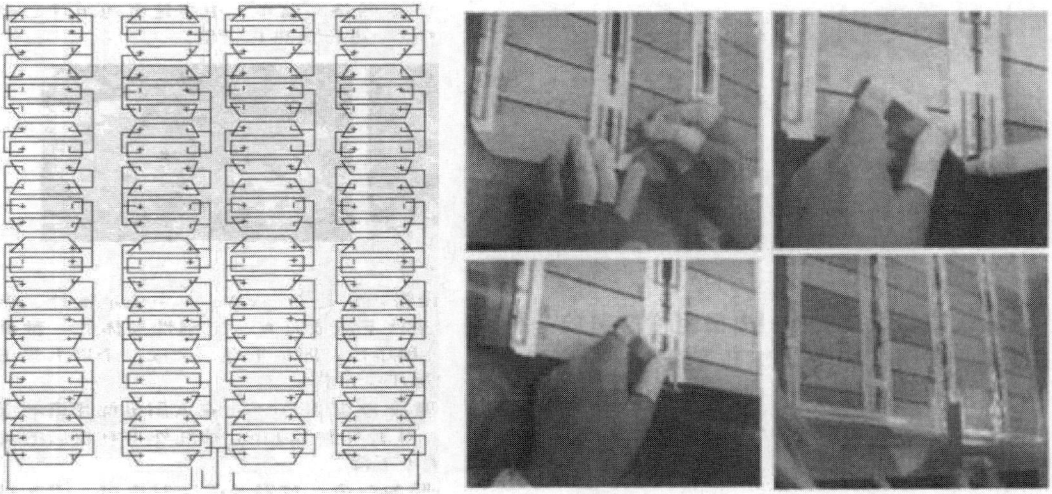

图 2.2.7　排版与电路连接图

九、中间检测以及铺盖 EVA

（1）分别从纵横两个方向检查电池串中有无断片，检查所有固定胶带是否到位，互连带是否碰到背面栅线。

（2）涂锡带的边角是否平整，多余的涂锡带是否剪掉，焊点是否有虚焊、高点或脱焊（焊接面积>80%的焊垫面积）。

（3）检查EPE能否有效地起到绝缘作用，检查电池表面是否有可导电的颗粒，电池边缘是否有金属丝或栅线脱落。

（4）采用加有抗紫外剂、抗氧化剂和固化剂的厚度为0.78mm的优质EVA膜层作为太阳能电池的密封剂和与玻璃、TPT之间的连接剂，具有较高的透光率和抗老化能力。

中间检测以及铺盖EVA效果如图2.2.8所示。

图2.2.8 中间检测以及铺盖EVA效果

十、层压与切边

对已做好电路连接的电池组件进行封装。将包好高温布的电池板放入层压机中进行加热和层压，如图2.2.9所示。

图2.2.9 层压示意图

层压机是制造太阳能电池组件所需的一种重要设备，它是把EVA、太阳能电池片、钢化玻璃、背膜（TPT、PET等材料）在高温真空的条件下压成具有一定刚性整体的一种设备。层压机是动压板和定压板之间装有浮动压板的一种压机，即指带有三个或三个以上热压板的压机。层压机适用于单晶硅/多晶硅电池组件的层压生产作业。

（1）玻璃采用低铁钢化绒面玻璃（又称为白玻璃），厚度3. 2mm，在太阳能电池光谱响应的波长范围内（320～1100nm）透光率达91%以上，对于大于1200nm的红外光有较高的反射率。此玻璃同时能耐太阳紫外光线的辐射，透光率不下降。

（2）TPT太阳能电池的背面覆盖物——氟塑料膜为白色，对阳光起反射作用，因此对组件的效率略有提高，并因其具有较高的红外发射率，还可降低组件的工作温度，也有利于提高组件的效率。当然，此氟塑料膜首先具有太阳能电池封装材料所要求的耐老化、耐腐蚀、不透气等基本要求。

层压后的组件为了确定晶向，需要切边，如图2.2.10所示。

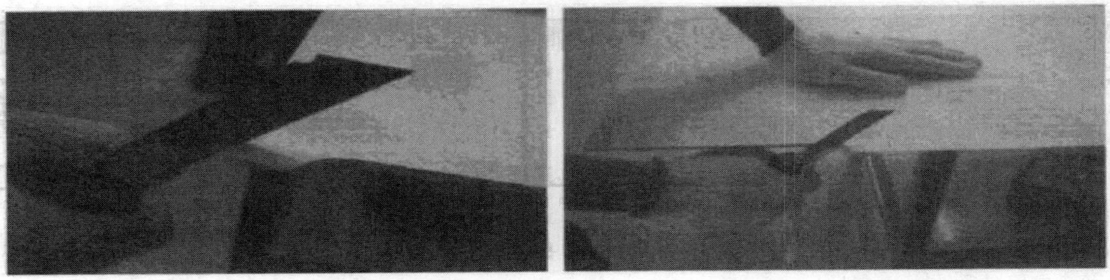

图2.2.10　切边示意图

十一、半成品检测与成品安装

（1）半成品外观检查。

主要检查以下几项：

①TPT/TPE打皱或移位的现象；

②TPT/TPE及玻璃四周的EVA是否切除干净，TPT/TPE的软气泡和高点；

③移位、破片、崩边、脱层、锡带偏移、栅线不齐；

④杂物和电池的暗裂纹。

（2）半成品电性能测试。

测试其电学性能是否符合标准，包括U_{oc}、I_{sc}，E_{ff}、FF等。

（3）安装铝边框，如图2.2.11所示。

图2.2.11　安装边框示意图

（4）安装接线盒。

在制造组件的最后，需要装上接线盒和导线，同时也会装上几个旁路二极管。如图 2.2.12 所示，一个（或多个）组件（或者一条串联的电池片）被挡住的时候，被挡住的部分就成了一个很大的负载，大量的电力会被消耗，同时发出很多热量（热斑效应），这种情况会影响整个电站的工作并可能使组件损坏。旁路二极管的作用就是在组件无法正常提供电力时（如被遮挡或自身损坏），使电流直接从二极管上通过，保护组件。

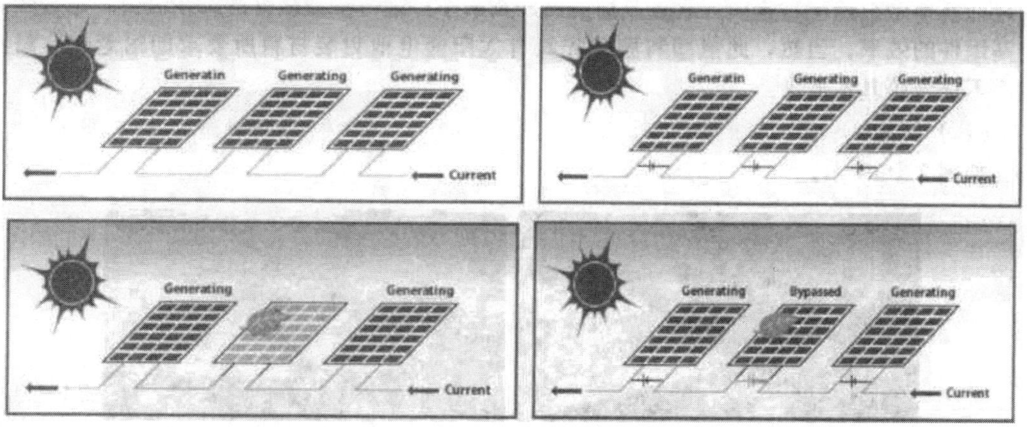

（a）没有旁路二极管的情况　　（b）加上旁路二极管后的情况

图 2.2.12　旁路二极管作用示意图

需要提醒的是，旁路二极管能起到保护作用，但是它并不能阻止由于遮挡引起的能量损失。

（5）成品电性能测试。

安装完铝边框后，太阳能组件已经生成，测试其电学性能，包括 U_{oc}、I_{sc}，E_{ff}、FF。

（6）绝缘测试。

绝缘测试是指在组件边框和电极引线间施加一定的电压，测试组件的耐压性和绝缘强度，以保证组件在恶劣的自然条件（雷击等）下不被损坏。

测试基本过程将待测组件的正极、负极短路，接到高压绝缘性能测试仪的输出正极，输出负极接到待测组件的铝边框安装孔处，打开高压绝缘性能测试仪的电源，输出电流限定为 50pA，以 500V/s 的速度调整输出电压至 3000V，如图 2.2.13 所示，试验 I_{sc} 无击穿放电为合格。

（7）总检。

①二极管是否装配正确，焊点应光滑、饱满。

②边框：检查是否有刮伤，螺钉是否打紧，边框是否有尺寸不符、变形和弯曲。

③边缘硅胶：边缘硅胶是否清洁完全，有无残留。

④背板 TPT：检查 TPT 是否有刮伤、粘污、穿孔等现象。

图 2.2.13　绝缘测试示意图

⑤玻璃（正面）：玻璃标记方向正确，表面无刮伤；电池外观无明显缺陷或异色，电池串间距离符合要求。

⑥无明显的气泡或脱层。

⑦检查标贴是否清晰干净，背板、侧面、包装序列号标贴位置是否正确，号码和流程卡上的是否一致，组件数据标贴是否符合功率要求（可参考组件背面的流程卡）。

⑧详细检验标准参照组件半成品、成品外观检查标准。

【任务实施】

借助 KNT-SPV02 型光伏发电实训系统，按照图 2.2.14，将太阳能电池进行串联以形成 12V 和 24V 各种类型的组件，电池板要接地。

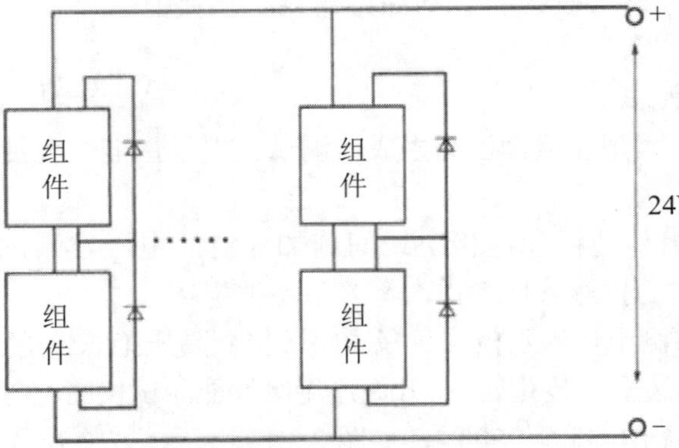

图 2.2.14　带旁路二极管的串并联电路

【项目总结】

太阳能电池本身是极不稳定的电源，因此其制作工艺的好坏对其发电效率影响是巨大的，而输出功率往往是变化的。可以通过最大功率点控制（MPPT）方法实现最大功率跟踪控制。

【项目训练】

1．简述太阳能电池单体、组件以及方阵的联系与区别。

2．简述太阳能电池组件的设计要求。

3．简述太阳能电池组件的结构形式。

4．简述影响太阳能电池可靠性的因素以及影响质量问题的因素。

5．简述太阳能电池的主要技术参数。

6．简述太阳能电池组件的技术工艺，并画出工艺流程图。

7．要生产一块20W的太阳能电池组件，现有单片功率为2.2～2.3W、125mm×125mm单晶电池片，确定板型和组件尺寸。

3 光伏发电储能系统的安装与调试

【项目描述】

储能装置是光伏发电系统的重要组成部分，尤其是独立光伏发电系统，储能环节是必不可少的组成部分。能量储存有蓄电池化学储能、超级电容电磁储能、动能储能（飞轮）、势能储能（抽水蓄能）等多种方式。目前，用于光伏发电系统的储能装置主要是使用铅酸蓄电池（其中包括胶体蓄电池）。蓄电池白天把太阳能电池发出的电能储存起来，晚上再把蓄电池储存的电能释放出来供用户使用。

任务一　蓄电池的选型

【任务描述】

选择蓄电池时，除了要考虑电压、电流等电气性能外，还要注意成本、尺寸、重量、寿命、维护性、安全性、再利用性等因素。不同的光伏发电系统对蓄电池的容量、性能有不同要求，因此，需要根据系统类型来具体设计和选择。

【相关知识】

一、铅酸蓄电池的构造

蓄电池组是光伏发电系统的储能装置，由它将太阳能电池方阵从太阳辐射能转换来的直流电转换为化学能储存起来，以供应用。目前常用的蓄电池有阀控式密封型铅酸蓄电池、太阳能专用蓄电池、小型铅酸蓄电池等，如图 3.1.1 所示。

（a）密封铅酸蓄电池　　（b）太阳能专用蓄电池　　（c）小型铅酸蓄电池

图 3.1.1　几种常用蓄电池

铅酸蓄电池有普通铅酸蓄电池和阀控式密封铅酸蓄电池。所谓普通铅酸蓄电池是指排气式的铅蓄电池，这类电池在充电后期要发生水解反应，表现为电解液中有激烈的冒气现象，并因此产生水的损失，因此要定期向电池内补充纯水（蒸馏水）。

阀控式密封铅酸蓄电池（VRLA 蓄电池）与普通铅酸蓄电池的构造基本相同，但它采用贫液式密封结构，使蓄电池在充电后期基本无气体析出，无需定期补充纯水（蒸馏水）。

1. 铅酸蓄电池的构造

蓄电池主要由极板、隔板、外壳、电解液等组成，如图 3.1.2 所示。

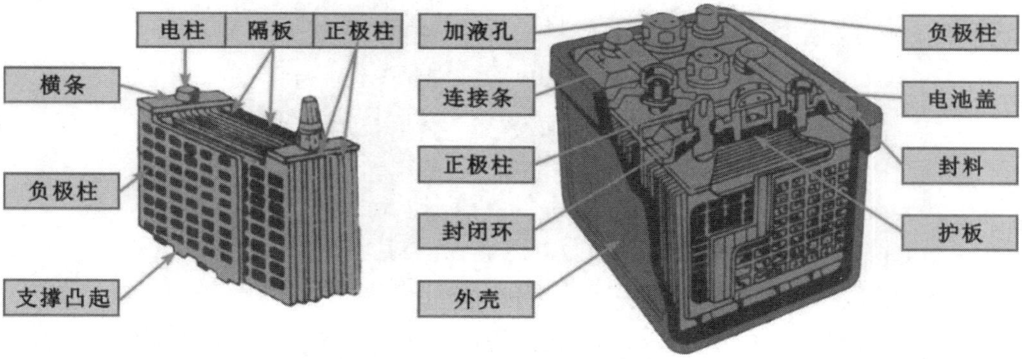

图 3.1.2　铅酸蓄电池的结构

（1）电极

电极又称极板，结构如图 3.1.3 所示，是蓄电池的核心部分，极板由板栅和活性物质组成。板栅是极板的骨架，结构如图 3.1.4 所示，用于支撑活性物质，传导电流；活性物质与电解液发生化学反应，实现化学能与电能的转换。极板分正极板和负极板。

①正极板（阳极）

铅酸蓄电池的阳极板就是正极，它是以结晶细密、疏松多孔的二氧化铅（PbO_2）作为活性物质，正常为红褐色。

②负极板（阴极）

负极（阴极板）是以海绵状的金属铅（Pb）作为活性物质，正常为灰色。

栅架一般由铅锑合金铸成，具有良好的导电性、耐蚀性和一定机械强度。为了有效保持住活性物质，常将板栅制成具有截面大小不同的横、竖筋条栅栏状，使活性物质固定在栅栏中，并具有较大的接触面积。

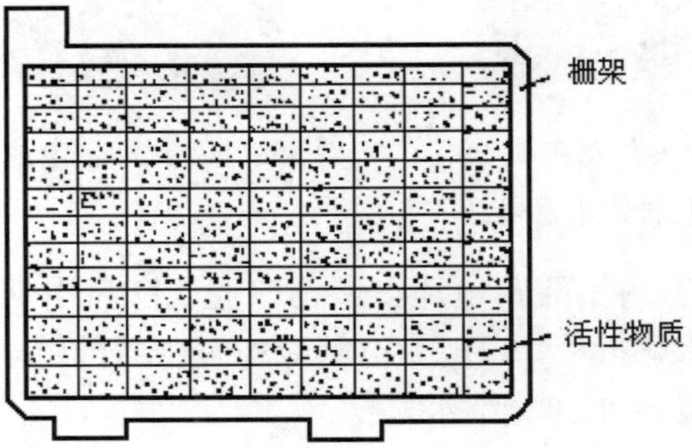

图 3.1.3　极板的结构

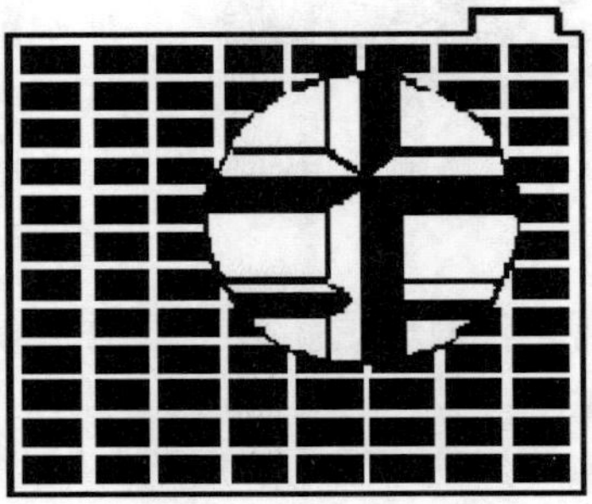

图 3.1.4　栅架的结构

为了增大蓄电池容量，将多片正极板（4～13 片）和多片负极板（5～14 片）分别并联，用横板焊接组成正、负极板组，横板上连有电桩，如图 3.1.5 所示。

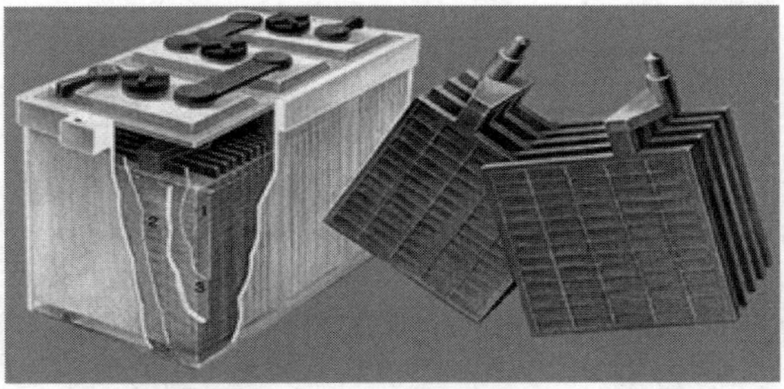

图 3.1.5　正负极板交错排列装配

安装时，正负极板相互嵌合，中间插入隔板，用极板连接条将所有正极和所有负极分别连接组装起来，便形成单格蓄电池。单格电池中负极板的数目比正极板多一块。

（2）隔板

隔板插放在正、负极板之间，防止正、负极板互相接触造成短路，如图 3.1.6 所示。隔板耐酸、具有多孔性，以利于电解液的渗透。隔板一面平整，一面有沟槽，沟槽面对着正极板，使充放电时，电解液能通过沟槽及时供给正极板，当正极板上的活性物质 PbO_2 脱落时，能迅速通过沟槽沉入容器底部。

用作隔板的材料应满足以下要求：

化学性能稳定（耐酸性和抗氧化性）；具有一定的机械强度（产生的硫酸铅体积大于铅和二氧化铅，防止极板变形）；不含有对极板和电解液有害的物质（杂质可能引起电池自放电）；微孔多而均匀（保证离子能顺利通过隔板，且能防止活性物质脱落，引起短路）；电阻小（蓄电池内阻的组成部分）。

常用的隔板材料有微孔橡胶和微孔塑料等。微孔塑料隔板孔径小、孔率高、成本低，因此被广泛采用。

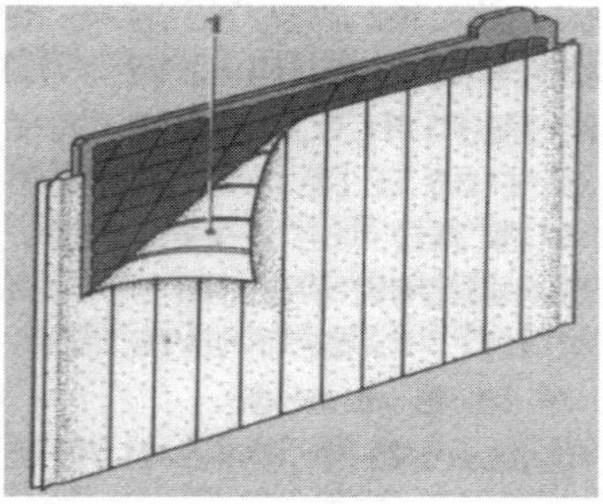

图 3.1.6　带薄膜隔离套的极板

（3）电解液

电解液在蓄电池的化学反应中，起到离子导电的作用，并参与蓄电池的化学反应。电解液由纯硫酸（H_2SO_4）与蒸馏水按一定比例配制而成，其密度一般为 1.24～1.31g/cm^3。

电解液的纯度对蓄电池的电气性能和使用寿命有重要影响。一般工业用硫酸和普通水中含有铁、铜等有害杂质，绝对不能加入到蓄电池中，否则自行放电，会损坏极板。

（4）壳体

壳体用于盛放电解液和极板组，耐酸、耐热、耐震。壳体多采用硬橡胶或聚丙烯塑料制成，为整体式结构，底部有凸起的肋条以搁置极板组。壳内由间壁分成 3 个或 6 个互不相通的单格，各单格之间用铅质联条串联起来。

（5）排气栓

VRLA 蓄电池的排气栓又称安全阀或节流阀，作用有两个：一是当电池中集聚的气体压力达到安全阀的开启压力时，阀门打开排出多余气体，减小电池内压；二是单向排气，即不允许空气中的气体进入电池内部，以免引起电池的自放电。

二、铅酸蓄电池的工作原理

经长期的实践证明，“双极硫酸盐化理论”是最能说明铅蓄电池工作原理的学说。该理论可以描述为：铅蓄电池放电时，正极的活性物质均变为硫酸铅（$PbSO_4$），充电后又恢复到初始状态，即正极转变为二氧化铅（PbO_2），负极转变为海绵状的铅（Pb）。

1. *放电过程*

当铅蓄电池的正、负极板浸入电解液中时，在正、负极板间就会产生约 2V 的静止电动势，此时若接入负载，在电动势的作用下，电流就会从蓄电池的正极经外电路流向蓄电池的负极，这一过程称为放电，如图 3.1.7 所示。蓄电池的放电过程是化学能转变为电能的过程。

放电过程的化学方程式：

负极反应 $$Pb-2e+SO_4^{2-}\rightarrow PbSO_4 \quad (3\text{-}1)$$

正极反应 $$PbO_2+2e+4H^++SO_4^{2-}\rightarrow PbSO_4+2H_2O \quad (3\text{-}2)$$

电池反应 $$Pb+4H^++2SO_4^{2-}+PbO_2\rightarrow 2PbSO_4+2H_2O \quad (3\text{-}3)$$

或 $$\underset{\text{正极}}{PbO_2}+\underset{\text{电解液}}{2H_2SO_4}+\underset{\text{负极}}{Pb}\rightarrow \underset{\text{正极}}{PbSO_4}+\underset{\text{电解液}}{2H_2O}+\underset{\text{负极}}{PbSO_4}$$

蓄电池放电终了的特征是：

（1）单格电池电压降到放电终止电压；

（2）放电时，正极板上的 PbO_2 和负极板上的 Pb，都与电解液中的 H_2SO_4 反应生成硫酸铅（$PbSO_4$），沉附在正、负极板上。电解液中 H_2SO_4 不断减少，密度下降。因此，电解液密度的高低反映了铅蓄电池的放电深度。

理论上，放电过程可以进行到极板上的活性物质被耗尽为止，但由于生成的 $PbSO_4$ 沉附于极板表面，阻碍电解液向活性物质内层渗透，使得内层活性物质因缺少电解液而不能参加反应，蓄电池的活性物质利用率只有 20%～30%。因此，采用薄型极板，增加极板的多孔性，可以提高活性物质的利用率，增大蓄电池的容量。

2. 充电过程

充电时，蓄电池的正、负极分别与直流电源的正、负极相连，当充电电源的端电压高于蓄电池电动势时，在电场作用下，电流从蓄电池的正极流入，负极流出，这一过程称为充电，如图 3.1.8 所示。蓄电池充电过程是电能转换为化学能的过程。

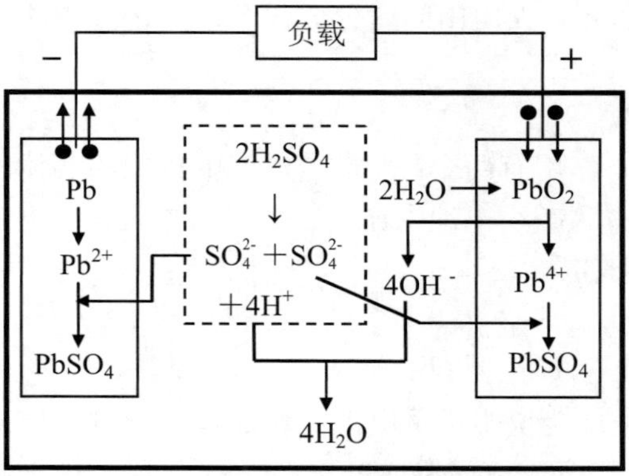

图 3.1.7　放电过程示意图

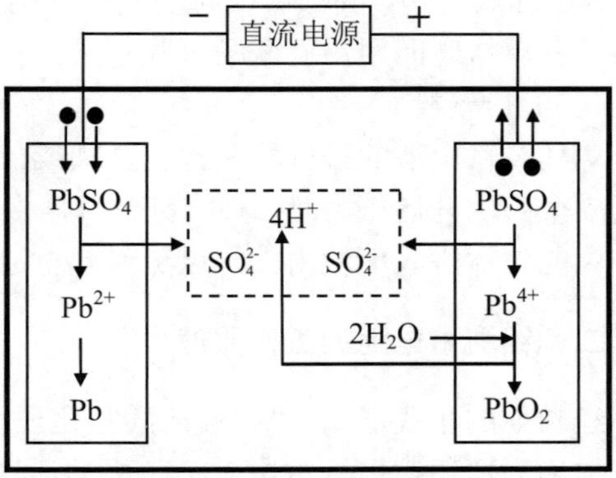

图 3.1.8　充电过程示意图

充电过程的化学方程式：

负极反应 $$PbSO_4+2e\longrightarrow Pb+SO_4^{2-} \quad (3\text{-}4)$$

正极反应 $$PbSO_4-2e+2H_2O\longrightarrow PbO_2+4H^++SO_4^{2-} \quad (3\text{-}5)$$

电池反应 $$2PbSO_4+2H_2O\longrightarrow Pb+4H^++2SO_4^{2-}+PbO_2 \quad (3\text{-}6)$$

或 $PbSO_4 + 2H_2O + PbSO_4 \rightarrow PbO_2 + 2H_2SO_4 + Pb$

正极 电解液 负极 正极 电解液 负极

铅蓄电池的充电反应恰好是其放电反应的逆反应，即充电后极板上的活性物质和电解液的浓度都恢复到原来的状态，所以，在充电过程中，电解液的密度会逐渐升高。对富液式铅蓄电池来说，可通过电解液密度的大小来判断电池的荷电程度，也可用密度值作为充电终了的标志。

蓄电池充足电的标志是：

（1）电解液中有大量气泡冒出，呈沸腾状态；

（2）电解液的密度和蓄电池的端电压上升到规定值，且在 2～3h 内保持不变。

3. 充电后期电解水的反应

铅酸蓄电池在充、放电过程中伴随着的副反应为

$$2H_2O \rightarrow 2H_2\uparrow + O_2\uparrow \tag{3-7}$$

$$2Pb + O_2 \rightarrow 2PbO \tag{3-8}$$

$$PbO + H_2SO_4 \rightarrow PbSO_4 + H_2O \tag{3-9}$$

该反应使电池中水分逐渐损失，需不断补充纯水才能保持正常使用。

【任务实施】

KNT-SPV02 型光伏发电实训系统配套两组铅酸蓄电池，请对蓄电池组进行核对性测试，按照表 3-1 写出测试报告。

表 3-1 蓄电池测试报告

型号		数量		硬件版本	
测试人员		测试日期		软件版本	
测试类别		样品数量		测试依据	
故障级别		现象描述		备注	
正常					
轻微					
一般					
严重					
测试结论					

任务二　蓄电池的测试

【任务描述】

作为光伏发电系统的安装与调试人员，应了解蓄电池的结构、基本原理及性能参数等基本知识，掌握蓄电池性能参数的检测、设备安装与维护等基本技能。

【相关知识】

一、蓄电池的性能参数

1. 电动势

蓄电池的电动势等于正极与负极平衡电极电位之差。

电动势的形成实际上就是电极电位的形成过程，即电极电位活性物质表面与电解液形成双电层的过程。

负极电位的形成如图 3.2.1 所示。铅溶于电解液中，失电子生成 Pb^{2+}（$Pb-2e \rightarrow Pb^{2+}$），$Pb^{2+}$ 脱离负极表面进入溶液，电子留在负极板上。随着 Pb^{2+}不断进入溶液，极板上带的负电荷不断增加，它对进入溶液的 Pb^{2+}有吸引作用，使 Pb^{2+}重新获得电子并在极板上析出。开始时，铅溶解的速度大于析出的速度，随着 Pb^{2+}溶解的浓度增加，溶解的速度减小而析出的速度增大，当溶解和析出速度相等时，达到动态平衡，在铅极板和电解液的接界处形成了稳定的双电层，极板带负电、溶液带正电，其电位差就是负极电位。铅酸蓄电池的标准负极电位为-0.36V。

正极电位的形成如图 3.2.2 所示。正极上的 PbO_2 是一种碱性氧化物，它在稀硫酸中先与水分子作用生成 $Pb(OH)_4$，然后电离成 Pb^{4+}和 OH^-，即

$$PbO_2+2H_2O \rightarrow Pb(OH)_4 \quad (3\text{-}10)$$

$$Pb(OH)_4 \rightarrow Pb^{4+} + 4OH^- \quad (3\text{-}11)$$

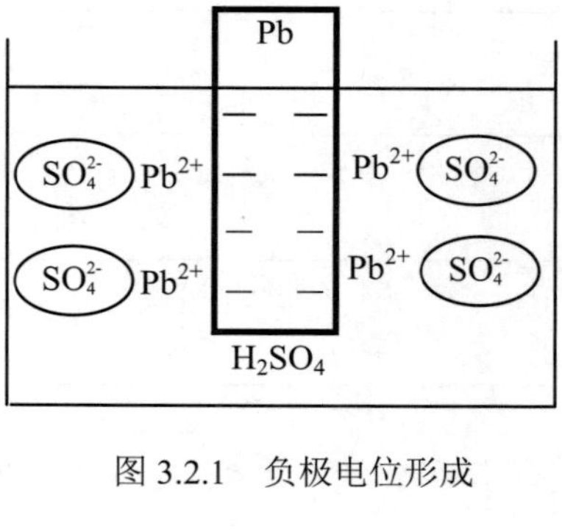

图 3.2.1　负极电位形成

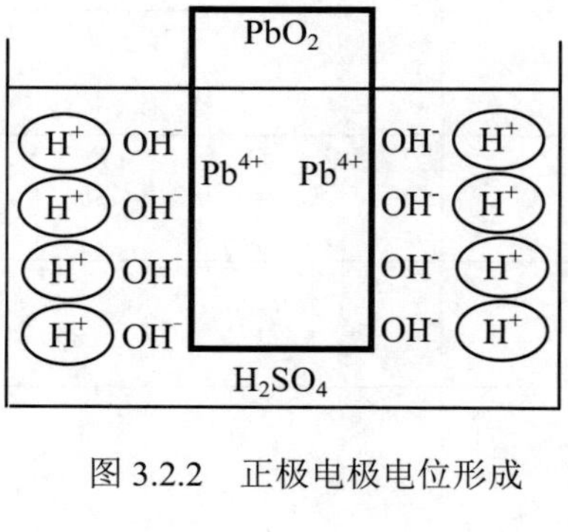

图 3.2.2　正极电极电位形成

项目三

电离形成的 Pb^{4+} 沉附在正极表面，OH^-则受溶液中 H^+吸引进入电解液中，但由于 OH^-受到极板上正电荷的吸引，不可能远离极板和 H^+结合成水分子，只能在极板表面附近，使极板表面溶液带负电荷。同理，当 OH^-进入电解液与 OH^-返回电解液中的速度相同时，在极板和溶液的接界处形成了稳定的双电层，极板带正电、溶液带负电，其电位差就是正极电位。铅酸蓄电池标准正极电位为+1.685V。

在外电路未接通时，铅酸蓄电池的标准电动势为：

$$E=1.658-(-0.36)=2.041\text{V} \tag{3-12}$$

2. 蓄电池的内阻

电池的内阻 r 包括：欧姆内阻和极化电阻。

欧姆内阻：欧姆内阻主要由电极材料、隔膜、电解液、接线柱等构成，也与电池尺寸、结构及装配有关。

极化内阻：是由电化学极化和浓差极化引起的，是电池放电或充电过程中两电极进行化学反应时极化产生的内阻，电池内阻不是常数，在充放电过程中随时间不断变化。极化内阻除与电池制造工艺、电极结构及活性物质的活性有关外，还与电池工作电流大小和温度等因素有关。

对于铅酸蓄电池，由于活性物质为粉状，有很大比表面积，当电池以小电流放电时，极板电流密度很小，极化也就很小，即电池的极化电阻很小；当蓄电池以较大电流放电时，极化电阻具有较大的数值。

电解液的温度低内阻增大，电解液的温度高则内阻减小。

电池内阻严重影响电池工作电压、工作电流和输出能量，因而内阻愈小的电池性能愈好。

3. 蓄电池的电压

（1）开路电压（U_k）

蓄电池的开路电压是蓄电池在开路状态（不带负载）时的端电压。蓄电池稳定时的开路电压在数值上等于蓄电池的电动势。蓄电池的开路电压可用以下经验公式计算：

$$U_k=E=0.85+d_{15} \tag{3-13}$$

式中，d_{15} 为 15℃时极板微孔中与溶液本体的电解液密度相等时的密度。

（2）工作电压（U）

蓄电池的工作电压是指蓄电池接通负荷后在放电过程中显示的端电压，又称负荷电压或放电电压。工作电压的大小是变化的，既与电池的放电电流有关，又与电池的内阻有关。

$$U=U_k-I(R_0+R_j) \tag{3-14}$$

式中，I 为蓄电池放电电流；R_0 为蓄电池的欧姆电阻；R_j 为蓄电池的极化电阻。

（3）充电电压

蓄电池的充电电压是指蓄电池在充电时，外电源加在蓄电池两端的电压。

（4）初始电压

蓄电池的初始电压是蓄电池在放电初始时的工作电压。

（5）浮充电压

电池充电器对蓄电池进行浮充电时设定的电压值。

（6）蓄电池的放电终止电压

放电终止电压是指蓄电池放电时电压下降到不宜再放电时的最低工作电压。放电终止电压随放电率不同而变化。小于 10h 的小电流放电，终止电压取值稍高；大于 10h 的大电流放电，终止电压取值稍低。放电率对终止电压的影响如图 3.2.3 所示。

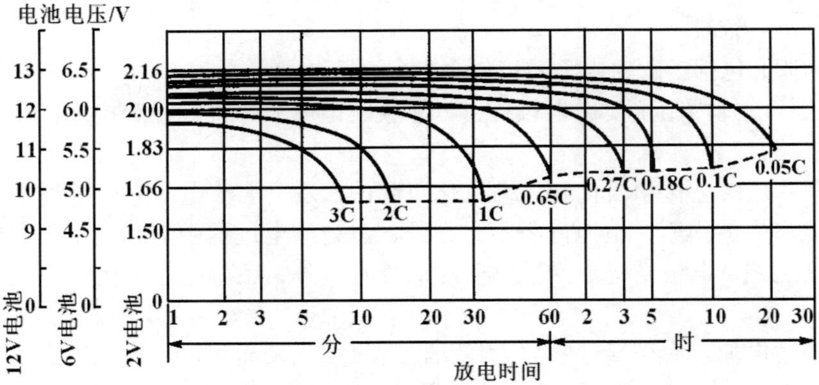

图 3.2.3　放电率对终止电压的影响

4. 蓄电池的容量

蓄电池容量有理论容量、实际容量和额定容量之分。

（1）理论容量：理论容量是根据活性物质的质量按法拉第定律计算而得到的最高值。

（2）实际容量：实际容量是指蓄电池在最佳放电条件下实际输出的容量。电池的实际容量小于理论容量，一般只有理论容量的 45%～50%左右。

（3）额定容量：是在指定放电条件下电池应能放出的最低限度的电量，也称保证容量。

（4）影响蓄电池容量的因素。

极板构造：极板面积大，容量也就大。采用薄形极板、增加极板的片数及提高活性物质的孔率，均能提高蓄电池的容量。

放电率：蓄电池放电或充电至终止电压的速度，称放电率或充电率。放电率有小时率（时间率）和电流率（倍率）两种不同的表示方法。

①小时率（时间率）：是指蓄电池应在多长时间内（小时）充进或放出额定容量值。如 10h 率就是指在 10h 内放出或充入的容量为额定容量值，即放电或充电电流为：

$$I=C_{额}/H \tag{3-15}$$

例如，某 120 A·h 的蓄电池，用 10h 率充电，然后用 5h 率放电，则放电电流为 24A，充电电流为 12A。

②电流率（倍率）：是指放电电流的数值为电池额定容量的倍数，即：

$$I = K C_{额} \tag{3-16}$$

例如，容量为100A·h的蓄电池，以0.1C电流放电，则放电电流为10A；若以1C电流放电，则放电电流100A。

蓄电池的额定容量一般10h放电率用C_{10}标定，光伏系统应用一般采用20小时率容量。

放电电流越大，单位时间消耗的H_2SO_4就越多，$PbSO_4$产生速率高，极板孔隙很快被$PbSO_4$阻塞，电解液不能及时渗透，造成孔隙内电解液密度急剧下降，极板孔隙内参加电化学反应的活性物质数量减少，导致蓄电池容量下降，如图3.2.4所示。

电解液温度：温度低，粘度大，渗透能力下降，而且溶解度和电离度下降，导致容量下降。温度每下降1℃，容量下降约1%（小电流放电）或2%（大电流放电），如图3.2.5所示。

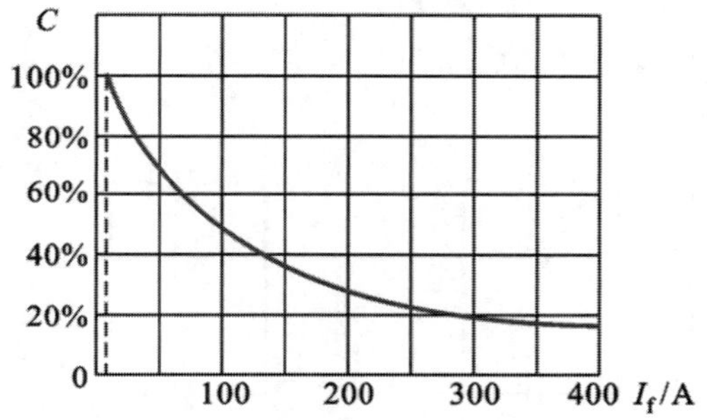

图3.2.4　蓄电池容量与放电电流关系

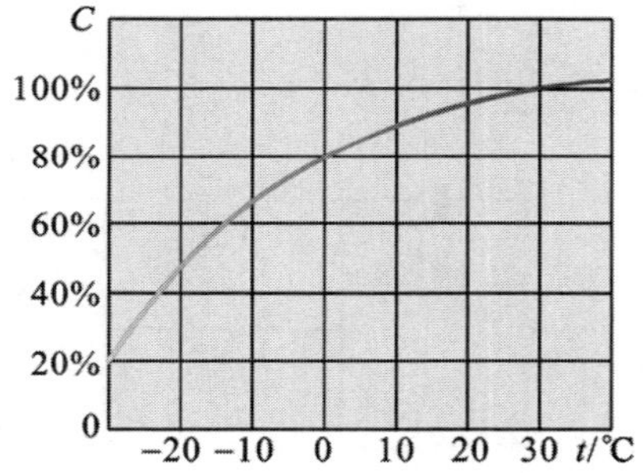

图3.2.5　蓄电池容量与电解液温度关系

电解液密度：电解液的密度过低时会因为离子数量少而导致容量下降；电解液密度过高则又会因为其粘度增大、渗透能力降低、内阻增大、极板容易硫化而导致容量下降，如图3.2.6所示。

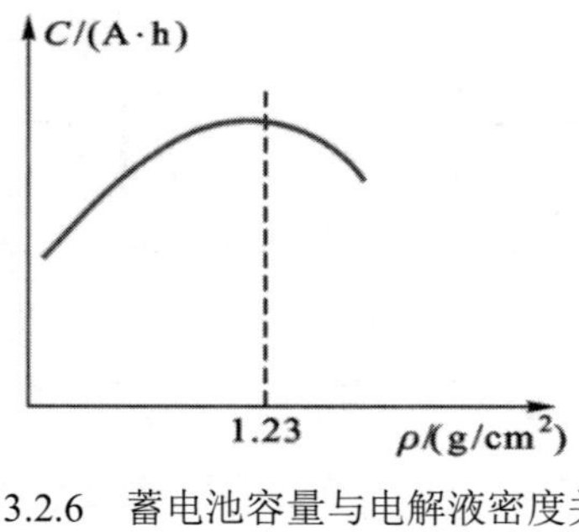

图3.2.6　蓄电池容量与电解液密度关系

蓄电池的串联和并联：将多只蓄电池的正极接负极依次连接称为串联。串联时，蓄电池组的电压为串联的蓄电池电压之和，容量不变。例如55只2V/250A·h的铅酸蓄电池串联，组成的串联蓄电池组的电压为110V，容量为250A·h。

将多只蓄电池的正极和负极分别连接起来称为并联。并联时，蓄电池组的电压不变，容量为并联蓄电池容量之和。例如 10 只 2V/250A·h 铅酸蓄电池并联，组成的蓄电池组的电压为 2V，容量为 2500A·h。蓄电池组也可以并联，例如两组 110V/250A·h 的蓄电池组并联，组成的蓄电池组的电压为 110V，容量为 500A·h。蓄电池串、并联时应尽可能保证每只蓄电池的性能一致。蓄电池的几种连接方式如图 3.2.7 所示。

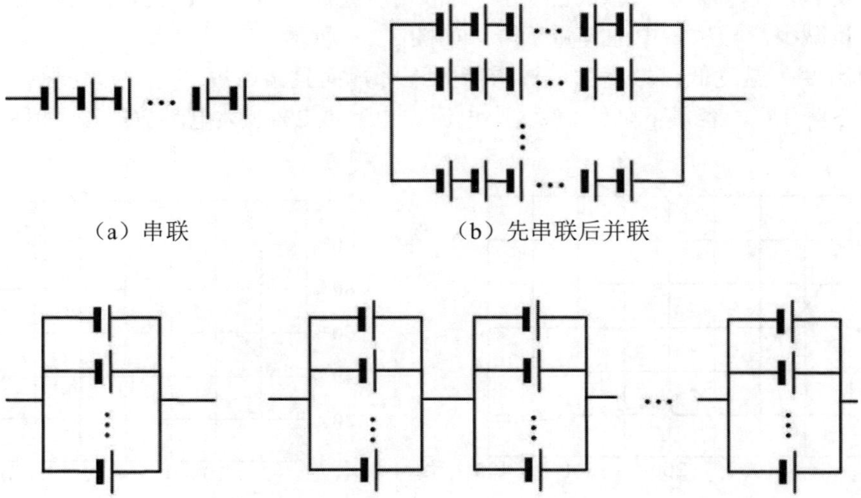

（a）串联　（b）先串联后并联

（c）并联　（d）先并联后串联

图 3.2.7　电池的几种联接方式

5. 蓄电池的型号

蓄电池名称由单体蓄电池格数、型号、额定容量、电池功能或形状等组成，如图 3.2.8 所示。当单体蓄电池格数为 1 时（2V）省略，6V、12V 分别为 3 和 6。

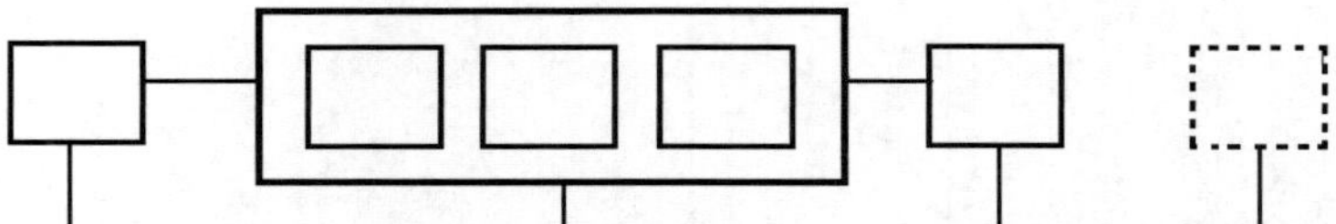

图 3.2.8　蓄电池名称的组成

各公司的产品型号有不同的解释，但产品型号中的基本含义相同。表 3-2 为常用字母的含义。

例：GFM-500，1 个单体，G 为固定型，F 为阀控式，M 为密封，500 为 10 小时率的额定容量；6-GFMJ-100，6 为 6 个单体，电压 12V，G 为固定型，F 为阀控式，M 为密封，J 为胶体，100 为 10 小时率的额定容量。

项目三

表 3-2 蓄电池常用字母的含义

代号	拼音	汉字	全称	代号	拼音	汉字	全称
G	Gu	固	固定型	D	Dong	动	动力型
F	Fa	阀	阀控式	N	Nei	内	内燃机车用
M	Mi	密	密封	T	Tie	铁	铁路客车用
J	Jiao	胶	胶体	D	Dian	电	电力机车用

二、蓄电池的自放电

在蓄电池不使用时，随着放置时间的延长，储电量会自动减少，这种现象称为自放电。自放电与储存时间关系曲线如图 3.2.9 所示。

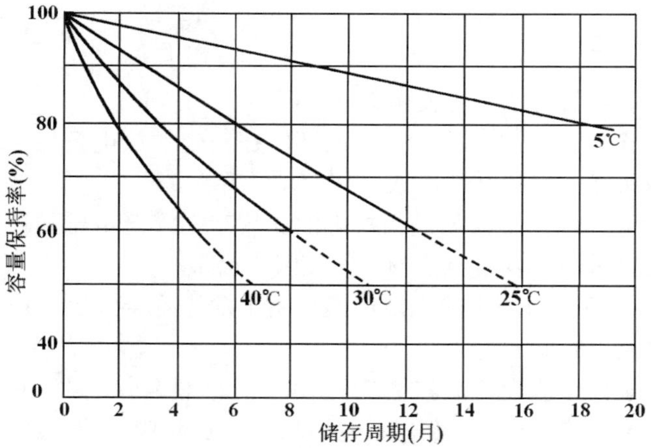

图 3.2.9 自放电与储存时间关系曲线

自放电的主要原因是：

（1）电解液中含有杂质（其他金属如铜、铁等）或添加的不是纯净水，这些杂质与蓄电池极板形成局部微小电池，从而使蓄电池形成自放回路。实验表明，电解液中如含有 1%的铁，蓄电池充足电后会在 24h 之内将电能全部放完。

（2）蓄电池极板成分不纯，含锑量过高或含有其他有害杂质时，也会形成许多微小蓄电池。杂质与极板间或不同杂质之间产生电位差，变成一个局部蓄电池，并通过电解液构成回路，产生局部电流，从而形成自放电。

（3）蓄电池电极间污垢较多，如泥土及水等均为导体，使蓄电池正、负电极间形成放电回路而自行放电。

（4）蓄电池负极板的自溶和正极板二氧化铅的自动还原。负极板的海绵状铅在蓄电池搁置过程中会以铅离子形式溶入电解液中，形成硫酸铅，而且铅与电解液总是含有一定的杂质，会引起氢的析出，从而加速铅的自溶，加快蓄电池自放电。

①负极的自放电

海绵状铅的自溶解，由于铅电极的电极电位小于氢的电极电位，所以能与硫酸发生以下化学反应：

$$Pb+H_2SO_4=PbSO_4+H_2\uparrow \tag{3-17}$$

②正极的自放电

正极上的 PbO_2 能与硫酸发生自溶解，同时析出氧气，其化学方程式为：

$$PbO_2+H_2SO_4=PbSO_4+H_2O+\frac{1}{2}O_2 \tag{3-18}$$

（5）电池长期放置不用，硫酸下沉，下部密度较上部大，极板上、下部发生电位差及温度的变化都可引起自放电。

三、蓄电池寿命特性

蓄电池寿命有三种评价方法（主要考虑前两种）：

蓄电池经历一次充电和放电，称为一次循环。在一定的放电条件下，电池使用至某一容量规定值之前，电池所能承受的循环次数，称为循环寿命。

蓄电池的使用寿命（浮充寿命）是指蓄电池在规定的浮充电压和环境温度下，蓄电池寿命终止时浮充运行的总时间，以蓄电池的工作年限来衡量。

恒流过充电寿命是指采用一定的充电电流对蓄电池进行连续过充电，一直到蓄电池寿命终止时所能承受的过充电时间。

蓄电池寿命终止条件一般设定在容量低于 10 小时率额定容量的 80%。

作为光伏发电中的关键部件，蓄电池失效和寿命短是阻碍光伏发电系统推广的原因之一。在光伏发电系统中，影响铅酸蓄电池寿命的主要因素有以下几点：

1. *放电深度*

蓄电池放电深度（Depth of Discharge，DOD）是指从蓄电池使用过程中放出的有效容量占该电池额定容量的比值，通常以百分数表示。

17%～25%为浅循环放电；30%～50%为中等循环放电；60%～80%为深循环放电。光伏发电系统中，DOD 一般为 30%～80%。

在蓄电池循环使用过程中，其寿命主要决定于放电深度。蓄电池正极活性物质 PbO_2 在充、放电过程中，将反复发生收缩和膨胀，使 PbO_2 粒子逐渐松弛，易于从板栅上脱落。随着放电深度的增加，收缩和膨胀的程度增大，结合力破坏变大，使得蓄电池的循环寿命变短。

2. *长期欠充电*

由于太阳能资源的随机性，光伏系统中应用的蓄电池常难以得到完全的再充电，往往处于欠充电状态，导致蓄电池发生酸分层。由于极板上硫酸浓度的不同分布，将导致正极板腐蚀和膨胀，负极板底部硫酸盐化。

3. 小电流放电

在光伏系统中，蓄电池的放电电流通常较小。根据蓄电池放电时 $PbSO_4$ 结晶机理，当电池小电流放电时，形成的 $PbSO_4$ 晶体颗粒数目较少、尺寸较大，再充电时会加速极板的极化，影响蓄电池的寿命。

4. 过充电

过充电时，正极活性物质会受气体的冲击而脱落，使蓄电池寿命缩短。

5. 温度影响

温度升高，会引起蓄电池失水干涸、热失控而影响寿命。在设计太阳能光伏系统时，应保证蓄电池良好的工作环境，其工作温度控制在 20℃～30℃之间，这样能延长铅酸蓄电池的寿命。

板栅材料对畜电池的寿命和性能有很大的影响。低锑合金板栅抗拉、延展性好，与活性物质有较好的结合力，循环时不易变形，循环性能良好；铅钙合金板栅析氢电位高，充电时水的分解较少，适合于长期浮充使用，但循环性能差。

四、蓄电池的充放电控制

1. 蓄电池的充放电模式

（1）浮充充电

在光伏发电系统中，为确保负载供电的持续性，将蓄电池组与光伏电池直流电源并联连接到负载电路上，当负载较轻而电池电压较高时，蓄电池组进行充电；当负载较重或电池电压较低时，蓄电池组则进行放电，分担部分或全部负载，这种充电方式，称为浮充充电。

浮充充电的目的有三个：

①保持电池的电压处于浮充电压范围，此时电池的板栅（就是极板的导电骨架）腐蚀处于最慢的状态，可延长电池寿命；

②补充电池自放电造成的容量损失，保持电量充足；

③抑制活性物质重结晶造成硫酸盐化（维持蓄电池的内氧循环）。

蓄电池的浮充电压与其使用寿命之间有密切的关系。环境温度 25℃时，标准型单体阀控铅蓄电池的浮充电压通常设置在 2.25V 左右，允许变化范围为 2.23～2.27V。

浮充电压设置过低，电池长期处于欠充电状态，不仅会在电池极板内部形成不可逆的硫酸盐化，而且还会在活性物质和板栅之间形成高电阻阻挡层，使电池的内阻增加、容量下降。

浮充电压设置过高，电池长期处于过充电状态，使电池负极析出的 H_2 和正极析出的 O_2 难以全部再化合成 H_2O，造成电池失水，板栅腐蚀加速，使用寿命提前终止。

实际运行时，还需要根据环境温度的变化来调整浮充电压，通常的调节系数为–4mV/℃。保证浮充电运行的 VRLA 蓄电池既不欠充电，也不过充电。

（2）均衡充电

阀控式密封铅蓄电池组深度放电或长期浮充供电时，其单体电池的电压和容量可能出现不平衡现象，为消除不平衡，使其恢复到规定的范围内，把每个 VRLA 蓄电池单元并联起来，用统一的充电电压进行恒压方式，叫均衡充电。

均衡充电是对蓄电池定期活化的充电。均衡充电电流一般选 0.3C 或略小于 0.3C；均衡充电电压一般选 2.35V/单体（额定电压为 2V 的 VRLA 蓄电池）。

下列情况，蓄电池应进行均衡充电：

两只以上单体电池的浮充电压低于 2.18V；

放电深度超过 20%；

闲置时间超过 3 个月；

全浮充时间超过 3 个月。

（3）循环充电

蓄电池循环使用放出一定电量后，应及时充电，这种充电方式称为循环充电。阀控铅酸蓄电池循环使用时，通常放出的电量大于其额定容量的 20%，为使活性物质充分进行化学反应，充电电压应略高于均衡充电电压，通常设置在 2.4～2.45V 之间，充电电流也应限制在 0.25C 以内。当阀控铅酸蓄电池循环使用，其容量下降到额定容量的 50%时，蓄电池完成的充放电循环次数，称为循环寿命。电池的循环寿命随其放电深度的增大而迅速降低，如图 3.2.10 所示。

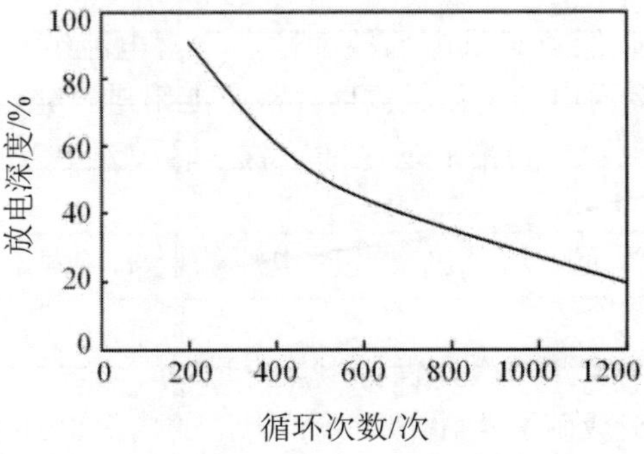

图 3.2.10　放电深度与循环寿命关系曲线

项目三

2. 蓄电池的充电方法

（1）恒压充电法

如图 3.2.11 所示，蓄电池在充电过程中，充电电压保持不变。这样在刚开始充电时，能以较大的电流对蓄电池充电，随着充电时间的增加，电流逐渐减少。然而充电电流太大会使电池寿命减少，而且容易造成电池温度上升，因此需要额外加入限流电路及温度补偿电路。

恒压充电的优点为：充电速度快，充电时间短，充电电流随着电动势 E 的上升，而逐渐减小到零，使充电自动停止，不必人工调整和照管。

恒压充电的缺点是：充电电流大小不能调整，不能保证蓄电池彻底充足电，也不能用于初充电和去硫化充电。

（2）恒流充电法

如图 3.2.12 所示，在充电过程中，充电电流保持不变。这种方法特别适合于多个蓄电池串联的电池组进行充电，能使落后的蓄电池的容量易于得到恢复。

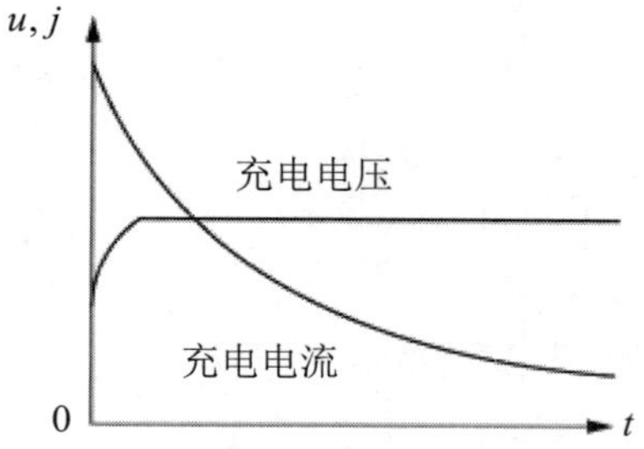

图 3.2.11　恒压充电

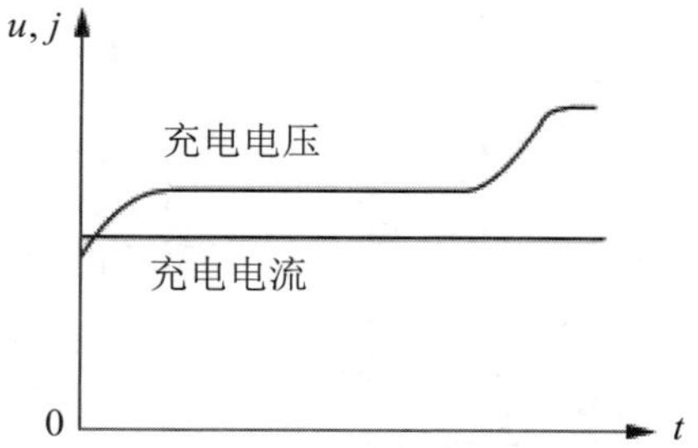

图 3.2.12　恒流充电

恒流充电的优点为：充电电流可任意选择，有益于延长蓄电池寿命，可用于初充电和去硫化充电。

其缺点是恒流充电可能造成充电电压过高而影响蓄电池的寿命，而且恒流充电不能像恒压充电法那样使电池保持在浮充状态，因此无法将蓄电池完全充足电。

（3）二阶段充电法

二阶段充电法=恒流充电法+恒压充电法。先以恒定电流对蓄电池充电，充电电流选择 0.1C 速率，等蓄电池电压上升到额定值后，再以恒定电压充电，使蓄电池保持在浮充状态，充电电流选择 0.05C 速率。

二阶段充电法在蓄电池寿命和充电时间上已有很大改善，然而在恒压充电阶段，由于充电电流很小，因此必须消耗很长的时间对蓄电池充电，这是其不足之处。

（4）快速充电

蓄电池采用上述充电方法，充电时间均较长，在需要快速充电的场合，难以满足负载需求。使用大电流充电，可提高充电速度，但电流过大时蓄电池温度会升高过快，同时会引起极化现象，造成蓄电池极板活性物质脱落，直至损坏蓄电池。极化现象是一切电池充电过程中的共有现象。所谓极化，就是电流通过蓄电池时，正负极板面电位的移动。蓄电池充电时，其内部产生三种极化现象，分别为欧姆极化、电化学极化和离子浓差极化，有关极化的原理读者可参考相关文献。

因此既要快速充电，又要消除极化现象，即必须实现快速安全充电。

（5）脉冲快速充电

理论研究证明，以适当频率的脉冲充电，可以使欧姆极化电压瞬间消失，也可使电化学极化电压和离子浓差极化电压逐渐消失，如图 3.2.13 所示。但是，电化学极化和离子浓差极化由于扩散速度较慢，并不能使极化电压在停充的瞬间全部或大部分消失，如果要等到全部或大部分消失后再继续充电，势必使充电时间拉得过长，快速充电的目的无法达到。通常采用以脉冲大电流充电来实现快速充电的方法。

然而，在停充期间，让蓄电池流过一个与充电电流方向相反的大脉冲电流，如图 3.2.14 所示，则可有效去除极化现象，这就是通常所说的“脉冲放电”。通过脉冲放电将蓄电池内部的极化电压尽可能多地释放出来。

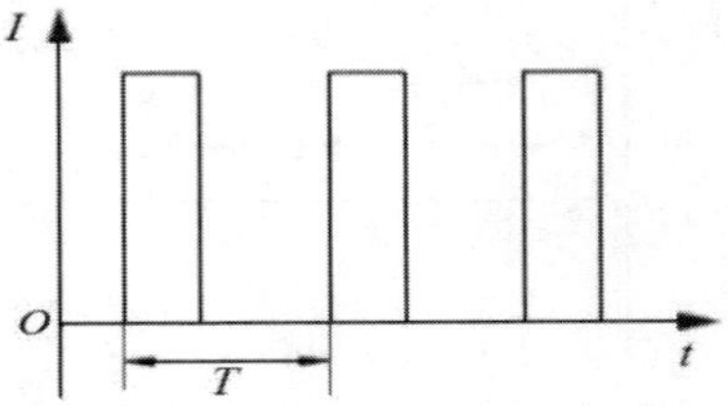

图 3.2.13　脉冲充电

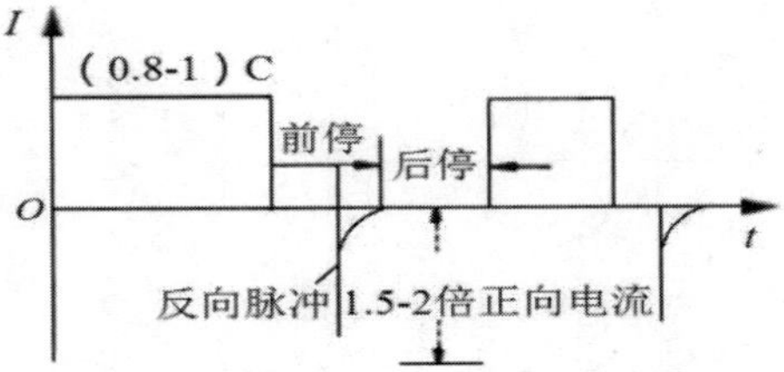

图 3.2.14　反向电流充电

总之，快速充电就是采用 1C 以上的大电流和高电压对蓄电池充电，在充电过程中，采用脉冲充电和反向电流短时放电相结合的方法，在很短时间内把蓄电池充好，而不会使蓄电池产生大量析气和使蓄电池温度过高，消除了极化现象。

五、光伏发电系统蓄电池的选择

在光伏发电系统中，蓄电池的作用主要是储存能量，在光伏阵列不能提供足够能量时，由蓄电池供给负载，保证系统的正常运行。在保证系统正常工作、最大使用寿命、最大限度降低成本的条件下，选择参数合理、数量合适的蓄电池。

1. 蓄电池类型选择

（1）铅酸蓄电池

广泛用于光伏系统的铅酸蓄电池，主要是固定式铅酸蓄电池、工业型阀控密封铅酸蓄电池及小型阀控密封铅酸蓄电池。

（2）Cd/Ni 电池

Cd/Ni 电池由于生产工艺的原因，镉晶粒较粗。如果电池在完全放电之前就重新充电，镉晶粒容易聚集成块，使电池放电时形成次级放电平台，具有记忆效应。Cd/Ni 电池的废弃物会对环境造成污染。

（3）MH/Ni 电池

MH/Ni 电池的比能量密度高，理论上是 Cd/Ni 电池的 1.15～2 倍。MH/Ni 电池的规格指标和 Cd/Ni 电池大体一致，在性能上也有不少相同的地方。与铅酸蓄电池相比，MH/Ni 电池和 Cd/Ni 电池的放电电压更平稳。一般标称 112V 的 MH/Ni 电池，可在 112V 以上释放 85%的电量。光伏系统中常用的蓄电池比较见表 3-2。

表 3-2 光伏系统中常用蓄电池的比较

蓄电池种类	比能量（W·h/kg）	价格（元·W/h）	效率（%）	循环寿命（次）
Cd/Ni	50	1.4～1.8	67～75	500
MH/Ni	60	2.4～2.6	55～65	700
锂离子	100	4.0～4.5	95	1000
小型阀控密封铅酸	30	0.6～0.8	90	400

2. 蓄电池容量的选择

首先要详细审核负载需要的电能，以此优化太阳能电池的容量、蓄电池的容量及充、放电控制设备的设定值。其设计步骤如下：

（1）详细审核负载需要的直流输入电能，把握逆变器的输入功率；

（2）取得安装场所的日照量数据；

（3）由安装场所的日照条件和负载的重要性设定没有光照的时间（通常为 5～14d）；

（4）由蓄电池的期望寿命设定放电深度（*DOD*）；

（5）要使日照量最低月份的充电量比负载的放电量大，须调好太阳能电池容量阵列的角度；

（6）计算蓄电池的容量 C：

$$C=\frac{Q_{\mathrm{L}}\times N_{\mathrm{L}}\times T_0}{L\times DOD} \tag{3-19}$$

其中，C ——蓄电池的容量（A•h）；Q_{L} ——负载容量$\left(\frac{\text{负载功率}}{\text{负载电压}}\times\text{每天工作时间}\right)$（A • h）；$N_{\mathrm{L}}$ ——连续无日照天数（天）；T_0 ——温度修正系数，0 以上取 1，−10 以上取 1.1，−10 以下取 1.2；L ——衰减率（一般取 0.8）；*DOD* ——放电深度（%，一般取 *DOD* 为 65%）。

例如：某光伏发电系统，负载 24V、60W，每天工作 10h，连续阴天为 6 天，L 为 0.8，*DOD* 为 0.65，安装地环境气温 15～25℃则：

$$C=\frac{(60/24)\times 10\times 6}{0.8\times 0.65}=289\mathrm{A}\cdot\mathrm{h}$$

六、VRLA 蓄电池的安装

1. 验收

（1）VRLA 蓄电池到货后应及时进行外观检查，因为外观缺损往往会影响产品的内在质量。

（2）根据 VRLA 蓄电池的出厂时间，确定是否需要进行充电，并做端电压检查和容量测试、内阻测试。

2. 安装

蓄电池在搬运时，勿提拉极柱，以免损伤蓄电池。安装蓄电池间连接器前，必须使单体排列整齐，以免极柱受力使密封处发生泄漏，而导致蓄电池连接器发生腐蚀。安装时不能使用任何润滑剂或接触其他化学物品，以免侵蚀壳体，造成外壳破裂和电解液泄漏。安装连接示意图如图 3.2.15 所示。

图 3.2.15　蓄电池的安装、连接示意图

蓄电池的安装技术条件：

（1）蓄电池安装前应彻底检查蓄电池的外壳，确保没有物理损坏。

对于有湿润处的可疑点，可用万用表一端连接蓄电池端柱，另一端接湿润处，如果电压为 0V，说明外壳未破损，如果电压大于 0V，说明该处存在酸液，要进一步仔细检查。

（2）蓄电池应尽可能安装在清洁、阴凉、通风、干燥的地方，并避免受到阳光直射，远离加热器或其他辐射热源。

安装中根据蓄电池的极板结构合理选择安装方式，不可倾斜。蓄电池间应有通风措施。蓄电池与蓄电池的间距一般应大于 50mm，以使蓄电池散热良好。蓄电池间连线应符合放电电流的要求，对于并联的蓄电池组连线，其阻抗应相等，蓄电池和充电装置及负载间的连接线不能过细或过长，以免电流传导过程在线路上产生过大的电压降和由于电能损耗而产生热量，给安全运行埋下隐患。

（3）安装前，应验证蓄电池生产与安装使用之间的时间间隔；逐只测量蓄电池的开路电压。新蓄电池一般要在 3 个月以内投入使用；搁置时间较长，应先对其进行充电后再使用。

安装后应测量蓄电池组电压。U 应大于等于 $N\times 12$V（U 为蓄电池组端电压，N 为串联的 VRLA 蓄电池只数）。如 U 小于 $N\times 12$V，应逐只检查蓄电池。如蓄电池组为两组蓄电池串联后再并联连接，在连接前应分别测量两组蓄电池端电压，U_1 大于等于 $N\times12V$，U_2 大于等于 $N\times12V$（N 为并联支路串联的 VRLA 蓄电池数）。两组 VRLA 蓄电池的端电压误差应在允许范围内。

（4）蓄电池组不能采用新老结合的组合方式；不同容量的蓄电池，绝对不可以在同一组中串联使用。

（5）蓄电池安装前要清刷蓄电池端柱，去除端柱表面的氧化层以降低接触电阻。

（6）串联连接的回路组中应设有断路器以便维护。并联组最好每组有一个断路器，便于日后维护更替操作。

（7）蓄电池与充电装置和负载之间各组 VRLA 蓄电池正极与正极、负极与负极的连接线的长短尽量一致，使在大电流放电时保持 VRLA 蓄电池组间的运行平衡。

（8）蓄电池组的正、负极汇流板与单体蓄电池汇流条间的连接牢固可靠。

（9）蓄电池设备的安装标准。安装箱式蓄电池设备的场合，必须确保必要的安全距离，如表 3-3 所示，在系统设计时应予以充分考虑。

表 3-3　箱式蓄电池设备的安全距离

必须确保安全距离的部分	安全距离（m）
与箱式以外的发电设备之间的距离	1.0
与箱式以外的变电设备之间的距离	1.0
室外安装时与建筑物之间的距离	2.0
与前面或者操作面之间的距离	1.0
与检测面	0.6
与换气面	0.2

3. 安装后检测

蓄电池安装后的检测使用的仪器以及测试方法如图 3.2.16 所示。

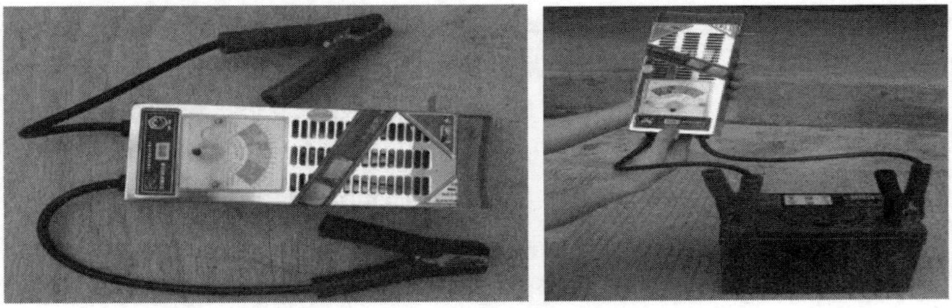

图 3.2.16　蓄电池的测试

（1）容量测试。使被测 VRLA 蓄电池对负载在规定的时间内放电（A·h），以确定其容量。

（2）负载测试。用实际在线负载来测试 VRLA 蓄电池系统。通过测试的结果，可以计算出一个客观准确的 VRLA 蓄电池容量及大电流放电特性。建议在测试时，尽可能接近或满足放电电流和时间的要求。

（3）测量内部欧姆电阻。内阻是反应 VRLA 蓄电池状态的最佳标志，测量内阻的方法虽然没有负载测试那样绝对，但通过测量内阻至少能检测出 80%～90%有问题的 VRLA 蓄电池。

七、VRLA 蓄电池的技术维护

1. 日常维护

VRLA 蓄电池特性的变化是一个渐进和积累的过程，为了保证 VRLA 蓄电池性能良好、确保 VRLA 蓄电池的使用寿命，应对 VRLA 蓄电池进行日常维护和定期检查。

①日常管理周到、细致和规范，保证 VRLA 蓄电池及充电装置处于良好的运行状况，保证直流母线上的电压和 VRLA 蓄电池处于正常运行范围；尽可能地使 VRLA 蓄电池运行在最佳运行温度范围内。

②VRLA 蓄电池的日常维护中需经常检查的项目有：

检测 VRLA 蓄电池的端电压；

检测 VRLA 蓄电池的工作温度；

检测 VRLA 蓄电池连接处有无松动、腐蚀现象；

检测连接条的压降；

检测 VRLA 蓄电池外观是否完好、有无外壳变形和渗漏；

检测极柱、安全阀周围是否有酸雾析出，保持 VRLA 蓄电池本身清洁。

安装好的 VRLA 蓄电池极柱应涂上中性凡士林，防止腐蚀极柱。定期清洁，以防 VRLA 蓄电池绝缘性降低。

③当在 VRLA 蓄电池组中发现有电压反极性、压降大、压差大和酸雾泄漏现象的 VRLA 蓄电池时，应及时采取相应的方法恢复或修复，对不能恢复或修复的要更换，对寿命已过期的 VRLA 蓄电池组要及时更换。

2. 定期检查

①月度检查和维护项目。保持 VRLA 蓄电池清洁卫生，测量和记录 VRLA 蓄电池的环境温度；逐个检查 VRLA 蓄电池的清洁度、端子的损伤痕迹、外壳及壳盖的损坏或过热痕迹；检查壳盖、极柱、安全阀周围是否有渗液和酸雾析出；检测 VRLA 蓄电池外壳和极柱温度、单体和 VRLA 蓄电池组的浮充电压、VRLA 蓄电池组的浮充电流。

②每半年检查 VRLA 蓄电池组中各 VRLA 蓄电池的端电压和内阻，若单个 VRLA 蓄电池的端电压低于其最低临界电压或 VRLA 蓄电池内阻大于 80mΩ 时，应及时更换或进行均衡充电。同时应检查 VRLA 蓄电池连线牢固程度，主要防止由于 VRLA 蓄电池充放电过程中的温度变化导致连线处松动或接触电阻过大。

③每年以实际负荷做一次核对性放电，放出额定容量的 30%～40%，并作均充；每 3 年做一次容量试验，放电深度为 80%/C_{10}，若该组 VRLA 蓄电池实放容量低于额定容量的 80%，则

认为该 VRLA 蓄电池组寿命终止。

3. “三防、一及时”

①防高温；

②防过充电；

③防过放电；

④及时充电。

4. 核对性容量试验

由于无法测量 VRLA 蓄电池的电解液密度，因此要准确地了解容量，最有效的方法就是每年进行一次核对性容量试验。落后 VRLA 蓄电池也只有在放电状态下才能被正确判定，放电时一组 VRLA 蓄电池中电压降低最快的一只就是落后 VRLA 蓄电池，在不脱离负载的情况下，可以对一只最差的 VRLA 蓄电池进行放电，它的容量就代表该组 VRLA 蓄电池的有效容量。

【任务实施】

借助 KNT-SPV02 型光伏发电实训系统，选择光伏模拟电压值和蓄电池的模拟电压值，用示波器测量充电波形。

要求：

（1）选择光伏模拟电压值为 13.5V，蓄电池的模拟电压为 15V，用示波器测量充电波形，截图保存在手提计算机的桌面，文件名为：充电波形 A。

（2）选择光伏模拟电压值为 13.5V，蓄电池的模拟电压为 9V，截图保存在手提计算机的桌面，文件名为：充电波形 B。

（3）选择光伏模拟电压值为 18V，蓄电池的模拟电压选择为 9V，截图保存在手提计算机的桌面，文件名为：充电波形 C。

【项目总结】

将蓄电池组与电源线路并联连接到负载电路上，它的电压大体上是恒定的，仅略高于蓄电池组的断路电压，以使其能经常保持在充电满足状态而不致过充电。因此，蓄电池组可随电源线路电压上下波动而进行充放电。当负载较轻而电源线路电压较高时，蓄电池组即进行充电，当负载较重或电源发生意外中断时，蓄电池组则进行放电，分担部分或全部负载。蓄电池组便起到稳压作用，并处于备用状态。

【项目训练】

1．列表说明各类蓄电池的不同以及应用场所。

2．说一说光优发电系统对蓄电池的特殊要求。

3．简述蓄电池的基本结构和组成部分的作用。

4．简述铅蓄电池的工作原理，写出蓄电池充放电的化学方程式。

5．简单说明蓄电池的性能参数及对蓄电池容量的影响。

6．建立一套光伏供电系统给一个地处偏远的通信基站供电，该系统的负载有两个：负载一，工作电流为 1A，每天工作 24h；负载二，工作电流为 5A，每天工作 12h，当地连续阴天天数为 5 天，环境温度 15～25℃，使用深循环工业用蓄电池（最大 DOD 为 80%），试计算所需蓄电池容量。

4

光伏发电系统控制器的安装与调试

【项目导读】

光伏控制器是对光伏发电系统进行管理和控制的设备。光伏发电系统发出的电能为直流电，其供电可靠性受气候、环境、负荷等因素的影响很大，加之光伏电池负载特性较软，供电稳定性相对较差，一般无法直接使用。通常需要使用光伏控制器对太阳能电池输出的电能进行适当控制和变换，才能供给负载。此外，独立光伏发电系统供电持续性较差，一般需要用一定容量的储能装置——蓄电池，为合理高效使用蓄电池，也需要控制器为蓄电池充放电进行控制，以延长蓄电池的使用寿命。作为光伏系统的安装与调试技术人员，应掌握光伏控制器电路的基本工作原理和控制器安装调试技能。

任务一　最大功率点跟踪

【任务描述】

在光伏发电系统中，无论是蓄电池的充放电控制还是电能的控制变换，光伏控制器起到了至关重要的作用，对于一个从事光伏发电系统安装与调试的技术人员，熟悉光伏控制器显得尤为重要。光伏控制器的功能主要体现在：

1. 最大功率点跟踪（MPPT）

太阳能电池阵列的输出特性是非线性的，并且其输出电压受太阳辐射强度、环境温度和负载的影响。而太阳能电池只有在某一输出电压时，才输出最大功率，因此，作为有限功率电源，为提高光伏电池的利用率，提高系统的整体效率，一个重要的途径就是实时调整光伏电池的工作点，使之始终工作在最大功率点附近。

2. 设备保护

防止太阳能电池板或电池方阵、蓄电池极性反接的电路保护；防止负载、控制器、逆变器和其他设备内部短路保护；防止夜间蓄电池通过太阳能电池组件反向放电保护；防雷击引起的击穿保护。

3. 对蓄电池充放电管理和最优充电控制

光伏控制器需要管理光伏发电能量在负载和蓄电池之间的分配，使能量得到最合理的使用，并对蓄电池提供合理的充放电管理策略，控制蓄电池放电和管理负载用电。

4. 光伏发电系统的各种工作状态显示

主要显示蓄电池（组）电压、负载状态、电池方阵工作状态、环境温度状态、故障报警等。

为充分发挥光伏电池的资源，光伏控制器必须降低损耗，尽可能提高变换效率。

【相关知识】

在一定的光照强度和环境温度下，光伏阵列可以工作在不同的输出电压，但是只有在某一输出电压时，光伏阵列的输出功率才能达到最大值，这时光伏阵列的工作点就达到了输出功率电压曲线的最高点，称之为最大功率点（Maximum Power Point，MPP）。因此，不断根据外界不同的光照强度、环境温度等特性调整光伏阵列的工作点，使之始终工作在最大功率点处，叫做最大功率点跟踪（Maximum Power Point Tracking，MPPT）技术。最大功率点跟踪技术是光伏发电系统运行控制中的一项关键技术。

一、MPPT 基本原理

在光伏发电系统中，调整光伏电池工作点的任务就是由光伏控制器来完成的，因此，一个性能良好的光伏发电系统，其光伏控制器必须具备最大功率点跟踪功能。

由光伏组件的伏安特性可知，光伏电池的伏安特性受光照和环境温度的影响很大。图 4.1.1 给出了不同外部环境下光伏电池的 *I-V* 和 *P-V* 特性曲线。

由图 4.1.1（a）看出，在相同的温度下，光照强度越强，太阳能电池输出功率越大；由图 4.1.1（b）看出，在相同的照度下，温度越高，太阳能电池输出功率越小。在实际光伏发电系统中，光伏电池的输出功率往往同时受到温度和照度的影响，光伏电池的实际输出功率正是两种因素相互作用的结果。

根据电路理论，当光伏电池的输出阻抗和负载阻抗相等时，光伏电池能输出最大的功率。可见，光伏电池的 MPPT 过程实际上就是使光伏电池输出阻抗和负载阻抗相匹配的过程。在实际应用中，光伏电池的输出阻抗受环境因素的影响，需要通过控制方法实现对负载阻抗的实时调节，并使其跟踪光伏电池的输出阻抗，以实现光伏电池的 MPPT 控制。

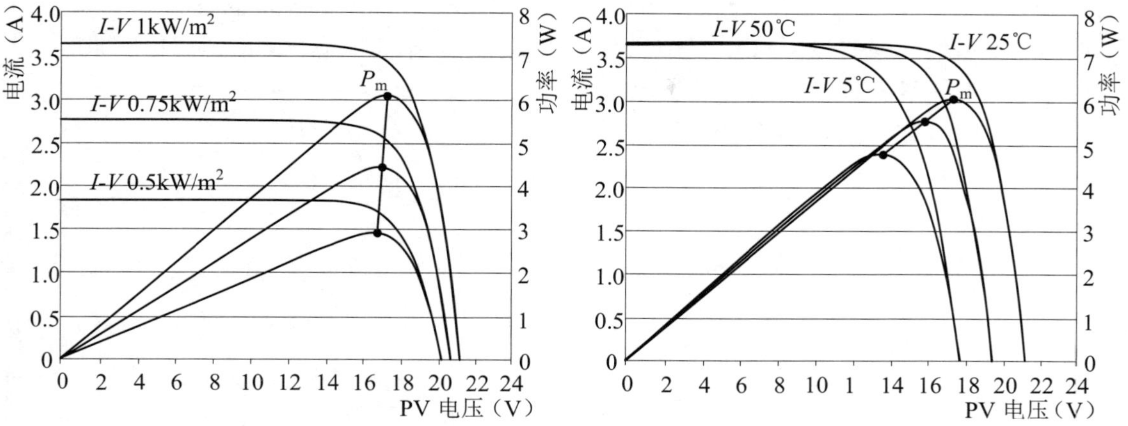

（a）不同光强下 *I*-*V* 和 *P*-*V* 特性曲线　（b）不同温度下 *I*-*V* 和 *P*-*V* 特性曲线

图 4.1.1　光伏电池的特性曲线

下面以温度不变，不同光照介绍 MPPT 的基本原理。

图 4.1.2 中曲线Ⅰ、Ⅱ分别对应不同日照情况下光伏器件的 *I*-*V* 特性曲线，B、A 分别为相应的最大输出功率点，负载 1、负载 2 为两条负载曲线。假定某一时刻，系统工作在 A 点。当日照强度增大，特性曲线由曲线Ⅱ上升为曲线Ⅰ，由于负载没有改变，光伏电池的工作点将由 A 点转移到 A' 点，这样就偏离了相应太阳照度下的最大功率点。为了继续追踪最大功率点，应将系统的负载特性由负载 1 变为负载 2，以保证系统运行在新的最大功率点 B。

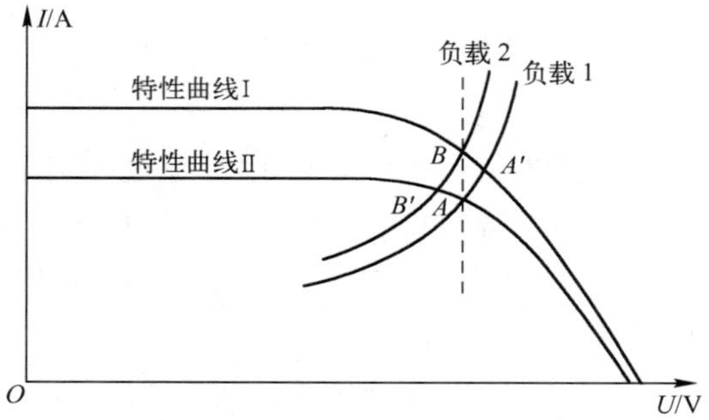

图 4.1.2　MPPT 基本原理示意图

实现最大功率点跟踪的方法很多，应用较为广泛的主要有基于参数选择方式的恒定电压法，基于电压电流检测的干扰观测法、电导增量法。

二、恒定电压法

由图 4.1.1（a）可知，太阳能电池组件的最大功率点随太阳辐照度的变化呈现一条垂直线，即基本保持在同一电压水平上。因此，可以采用恒压控制（Constant Voltage Tracking，CVT）来代替最大功率点跟踪（MPPT）。这种办法只需要保证太阳能电池方阵的恒压输出即可，大大简化了控制系统，适合大多数光伏发电系统。

恒定电压法的控制流程图如图 4.1.3 所示。

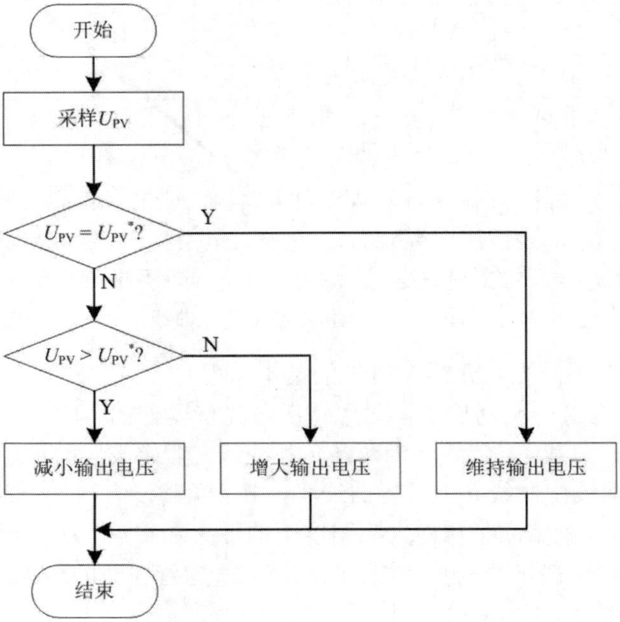

图 4.1.3　恒定电压法控制流程图

可以看出，系统只需要对光伏电池的输出端口电压（U_{PV}）进行采样，并同端电压的参考值 U_{PV}^* 进行比较：若输出端口电压与给定参考值不同，则通过控制系统调整光伏电池的负载特性（通常使用 DC/DC 变换器），使得调整后的光伏电池的端口电压等于参考电压即可。

恒定电压法控制算法简单，实现最为容易，故其在简单的光伏发电系统中如独立太阳能照明系统、小型太阳能草坪灯等方面应用较为广泛。

从严格意义上讲，恒定电压法是 MPPT 控制的近似，没有真正实现最大功率点的实时跟踪与控制，误差相对较大，尤其是受光伏阵列温度的变化影响显著，实际应用中在温差比较大或季节更替引起的温度变化后控制效果不理想。

三、干扰观测法

干扰观测法由于实现方法简单，并且能够实现实时 MPPT 控制，因此其控制效果较为理想，在光伏发电系统 MPPT 控制应用中较为常用。

扰动观测法的原理是先让光伏阵列工作在某一电压下，测得此时光伏电池的输出电压和电流，算出此采样时刻的功率，然后在这个工作电压的基础上，加一个正向电压扰动量，若此时输出功率增加，则表明光伏阵列的最大功率点在当前工作点的右边，可继续增大输出电压，向最大功率点靠近。若所测输出功率降低，最大功率点在当前工作点的左边，应降低输出电压，在下一个控制周期加负的电压扰动，使工作点左移，控制流程如图 4.1.4 所示。

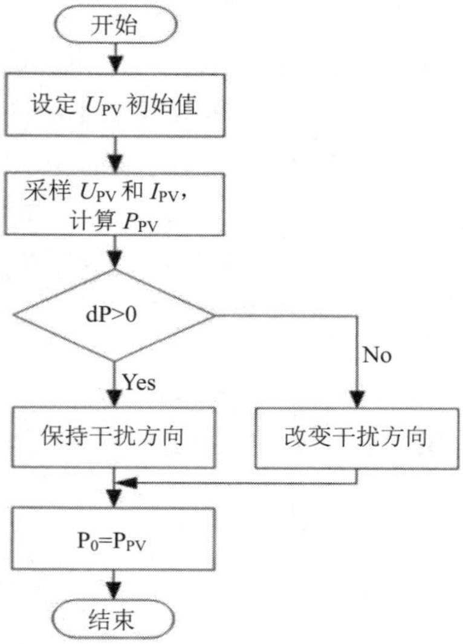

图 4.1.4　干扰观测法控制流程图

干扰观测法通常使用两个传感器对直流母线电流及其两端电压分别采样。这种控制方法算法简单直观，且易于硬件实现，对传感器要求不高，利用数字控制系统进行编程实现也更为方便，在很多场合下能够有效地实现 MPPT，因此，在工程实际中应用较多。

但是，干扰观测法在系统稳定时，只能在最大功率点附近振荡运行，造成一定的功率损失。这种损失无法避免，只能通过合理选择扰动量的大小来减小功率损失，然而，步长过小会造成系统跟踪过程响应速度过慢，难以实现快速跟踪，该方法只适用于光照强度变化非常缓慢的场合。

干扰观测法通常应用在功率较小、控制精度要求不高，恒定电压法又难以满足要求的光伏发电系统中，既能达到要求，又能节约成本。

四、电导增量法

电导增量法（Incremental Conductance，INC）是通过比较光伏阵列的瞬时电导与电导变化量的方法来完成最大功率点的跟踪。图 4.1.1（a）所示的光伏阵列的 *P-V* 特性曲线是一条一阶连续可导的单峰曲线。当 $dP/dU=0$，输出电压在最大功率点处；当 $dP/dU>0$，输出电压在最大功率点左边；当 $dP/dU<0$，输出电压在最大功率点右边。

光伏阵列的功率表达式为：

$$P = UI \tag{4-1}$$

将上式两端对 U 求导，将 I 作为 U 的函数，可得

$$\frac{\mathrm{d}P}{\mathrm{d}U} = \frac{\mathrm{d}(UI)}{\mathrm{d}U} = 1 + U\frac{\mathrm{d}I}{\mathrm{d}U} = 0 \tag{4-2}$$

因此，通过判断 G+dG（G 为电导）的符号，就可判定光伏阵列是否工作在最大功率点。当符号为负时，表明工作点在最大功率点的右侧，下一步要减小光伏阵列的输出电压；当符号为正时，表明工作点在最大功率点的左侧，下一步要增加光伏阵列的输出电压；当符号为 0 时，表明工作在最大功率点，维持光伏阵列的输出电压不变，电导增量法通过比较光伏阵列的电导增量和瞬间电导来改变控制信号，这种控制算法同样需要对光伏阵列的电压和电流进行采样。电导增量法控制精确、响应速度较快，适应于大气条件变化较快的场合。但对硬件的要求特别是传感器的精度要求比较高，因而整个系统的成本较高。电导增量法的控制流程图如图 4.1.5 所示。

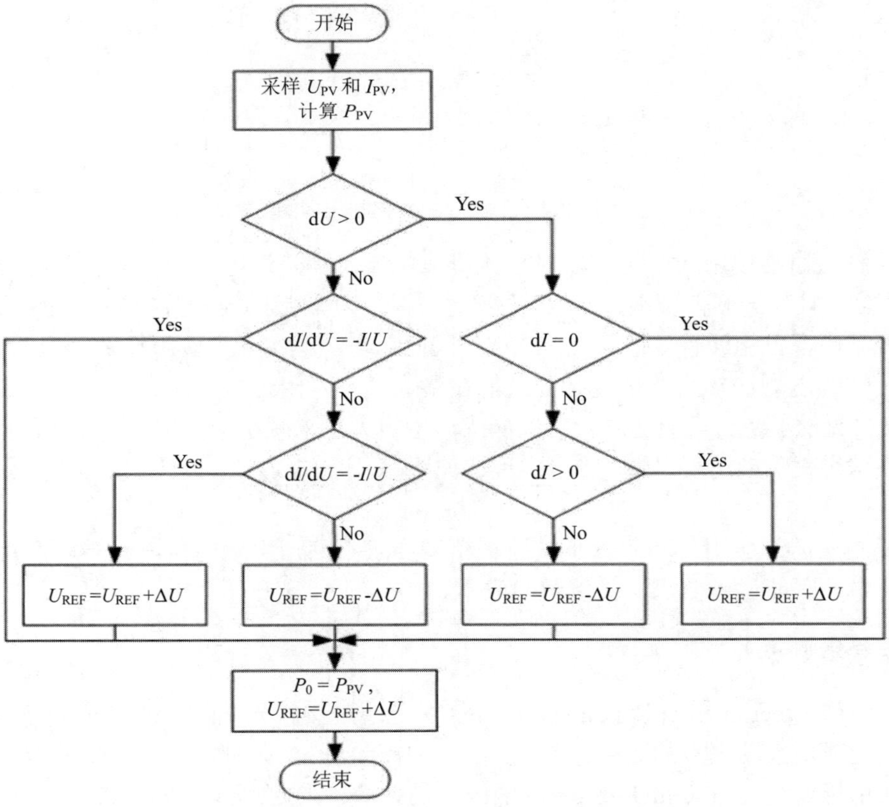

图 4.1.5　电导增量法控制流程图

在需要高性能的控制场合，如大容量光伏并网系统，对控制系统的稳定性、精度、动态响应要求较高，电导增量法是比较理想的 MPPT 策略。

其他 MPPT 控制方法还有恒定电流法、查表法、最优梯度法及模糊逻辑法等，请查阅相关资料，在此不再讲述。

【任务实施】

借助 KNT-SPV02 型光伏发电实训系统，选择开关在手动状态下，调节光伏供电装置的摆杆处于垂直状态，调节光伏电池组件正对着投射灯。点亮投射灯 1 与投射灯 2 检测光伏电池组件的输出特性，标注出最大功率点。

要求：

（1）调节光伏供电系统的可调变阻器，阻值从 0Ω 逐渐变化到 1000Ω。记录对应的电压、电流值，填写如表 4-1 所示的光伏电池组件输出的电压、电流值表格，每次记录的对应的电压值和电流值为一组，记录不少于 12 组。

（2）在图 4.1.6 所示的光伏电池组件输出特性曲线坐标图上绘制光伏电池组件输出特性曲线，并标明坐标的参数单位和计量单位。

表 4-1　光伏电池组件输出的电压、电流值

组号	电压 U/V	电流 I/A	组号	电压 U/V	电流 I/A
1			7		
2			8		
3			9		
4			10		
5			11		
6			12		

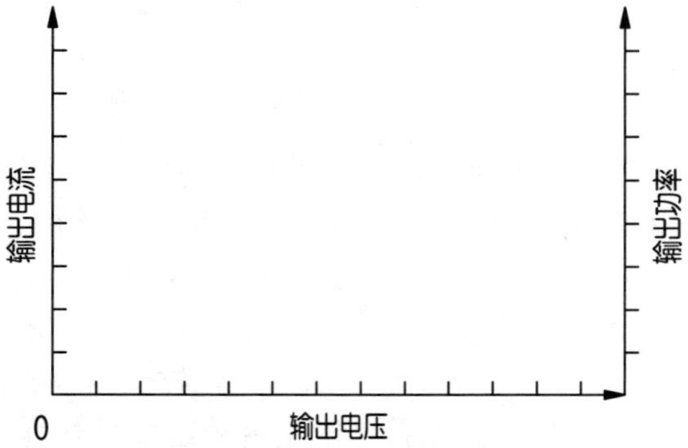

图 4.1.6　光伏电池组件输出特性曲线

任务二　控制器的选型与调试

【任务描述】

光伏控制器按电路方式的不同分为并联型、串联型、脉宽调制型、多路控制型、两阶段双电压控制型和最大功率跟踪型；按电池组件输入功率和负载功率的不同可分为小功率型、中功率型、大功率型及专用控制器（如草坪灯控制器）等；按放电过程控制方式的不同，可分为常规过放电控制型和剩余电量（SOC）放电全过程控制型。对于应附带有自动数据采集、数据显示和远程通信功能的控制器，称之为智能控制器。

【相关知识】

一、铅酸蓄电池充电控制基本原理

1．铅酸蓄电池充电特性

铅酸蓄电池充电特性如图 4.2.1 曲线所示。

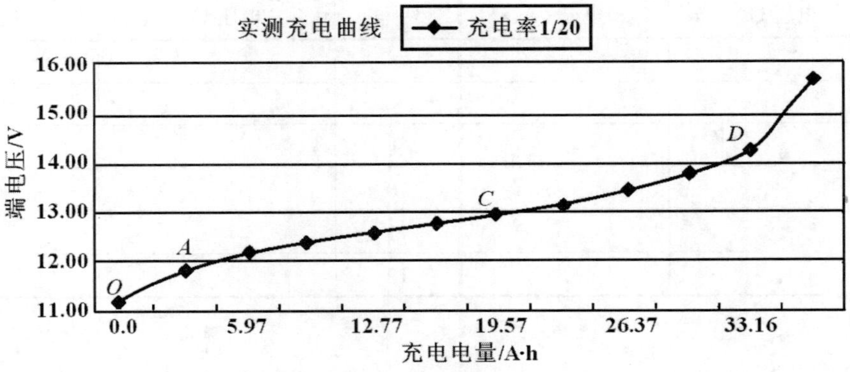

图 4.2.1　铅酸蓄电池充电特性曲线

蓄电池充电过程有 3 个阶段：初期（OA），电压快速上升；中期（AC），电压缓慢上升，延续较长时间；C 点为充电末期，电压开始快速上升，接近 D 点时，标志着蓄电池已充满电，应停止充电。

2．常规过充电保护原理

依据 D 点的电压为蓄电池已充满标志这一原理，在控制器中设置电压测量和电压比较电路，通过对 D 点电压值的监测，即可判断蓄电池是否应结束充电。

对于阀控密封式铅酸蓄电池，标准状态（25℃，0.1C 充电率）下的充电终止电压约为 2.35V/

单体。

在控制器中比较器设置的 D 点电压，称为“门限电压”或“电压阈值”。蓄电池的充满电一般设定在 2.45～2.5V/单体（固定式铅酸蓄电池）和 2.3～2.35V/单体（阀控密封式铅酸蓄电池）。

二、铅酸蓄电池过放电保护基本原理

1. 铅酸蓄电池放电特性

铅酸蓄电池放电特性如图 4.2.2 曲线所示。

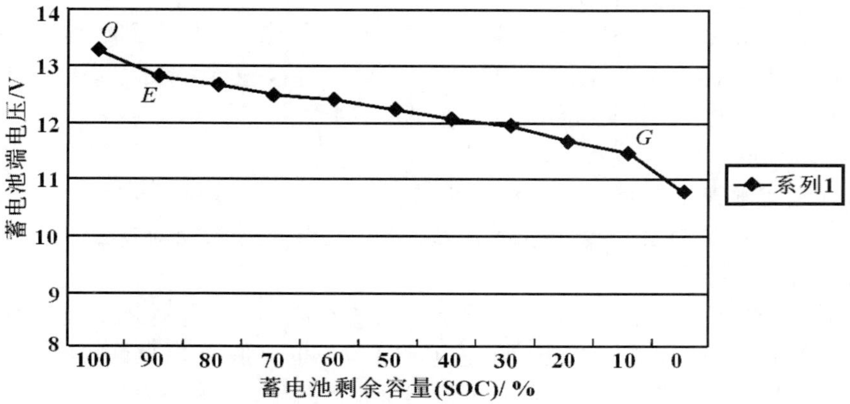

图 4.2.2 铅酸蓄电池放电特性曲线

蓄电池放电过程有 3 个阶段：开始（OE）阶段，电压下降较快；中期（EG），电压缓慢下降，延续较长时间；放电电压降到 G 点后，电压急剧下降。标志蓄电池已接近放电终了，应立即停止放电。

2. 常规过放电保护原理

依据 G 点的电压标志放电终了这一原理，在控制器中设置电压测量和电压比较电路，通过监测出 G 点电压值，即可判断蓄电池是否应结束放电。

对于阀控密封式铅酸蓄电池，标准状态（25℃，0.1C 放电率）下的放电终止电压为 1.78～1.82V/单体。

在控制器中比较器设置的 G 点电压，称为“门限电压”或 “电压阈值”。

3. VRLA 蓄电池充电控制技术

（1）主充、均充、浮充各阶段的自动转换

目前，VRLA 蓄电池主要采用主充、均充、浮充三阶段充电方法，充电各阶段的自动转换方法有：

①时间控制，即预先设定各阶段充电时间，由时间继电器或 CPU 控制转换时间。

②设定转换点的充电电流或 VRLA 蓄电池端电压值，当实际电流或电压值达到设定值时，即自动转换。

③容量控制，采用积分电路在线监测蓄电池的容量，当容量达到一定值时，则发出控制信号改变充电电流。控制电路比较复杂，但控制精度较高。

（2）充电程度判断

对蓄电池进行充电时，必须随时判断蓄电池的充电程度，以便控制充电电流的大小。判断充电程度的方法：

①观察蓄电池去极化后的端电压变化。一般来说，在充电初始阶段，蓄电池端电压的变化率很小；在充电的中间阶段，蓄电池端电压的变化率很大；在充电末期，端电压的变化率极小，由此判断蓄电池所处的充电阶段。

②检测蓄电池的实际容量值，并与其额定容量值进行比较，即可判断其充电程度。

③检测蓄电池的端电压。当蓄电池端电压与其额定值相差较大时，说明处于充电初期；当两者差值很小时，说明已接近充满。

（3）停充控制

当 VRLA 蓄电池充足电后，必须适时切断充电电流停充。控制器必须随时监测 VRLA 蓄电池的充电状况，保证蓄电池充足电而又不过充电。主要的停充控制方法：

1）定时控制

定时控制采用恒流充电法，VRLA 蓄电池所需充电时间可根据 VRLA 蓄电池容量和充电电流的大小来确定，因此只要预先设定好充电时间，时间一到，定时器即可发出信号停充或转为浮充电。定时器可由时间继电器或由微处理器承担其功能。这种方法简单，但充电时间不能根据 VRLA 蓄电池充电前的状态而自动调整，因此实际充电时，可能会出现有时欠充、有时过充的现象。

2）VRLA 蓄电池温度控制

VRLA 蓄电池温度在正常充电时变化并不明显，但是，当 VRLA 蓄电池过充时，其内部气体压力将迅速增大，负极板上氧化反应使内部发热，温度迅速上升（每分钟可升高几摄氏度）。因此，观察 VRLA 蓄电池温度的变化，即可判断 VRLA 蓄电池是否已经充满。通常采用两只热敏电阻分别检测 VRLA 蓄电池温度和环境温度，当两者温差达到一定值时，即发出停充信号或转为浮充电。由于热敏电阻动态响应速度较慢，故不能及时、准确地检测到 VRLA 蓄电池的满充状态。

3）VRLA 蓄电池端电压负增量控制

VRLA 蓄电池充足电后，其端电压将呈现下降趋势，据此可将 VRLA 蓄电池电压出现负增长的时刻作为停充时刻。与温度控制法相比，这种方法响应速度快，此外，电压的负增量与电压的绝对值无关，因此，这种停充控制方法可适应于具有不同单格 VRLA 蓄电池数的 VRLA 蓄电池组。此方法的缺点是一般的检测器灵敏度和可靠性不高，同时，当环境温度较高时，VRLA 蓄电池充足电后电压的减小并不明显，因而难以控制。

4）极化电压控制

通常情况下 VRLA 蓄电池的极化电压出现在蓄电池刚好充满后，一般在 50～100mV 数量级，测量每个单格 VRLA 蓄电池的极化电压，对充电过程进行控制，可使每个 VRLA 蓄电池都充电到它本身所要求的程度。优点表现在：

①不需温度补偿；

②蓄电池不需连续浮充电，蓄电池间连线腐蚀减少；

③不同型号和使用情况不同的蓄电池可构成一组使用；

④可以随意添加 VRLA 蓄电池以便扩容；

⑤可使 VRLA 蓄电池的使用寿命接近或达到设计寿命。

VRLA 蓄电池充电技术的改进，有利于缩短充电时间、提高利用效率、延长使用寿命、降低能耗、减少环境污染，具有良好的经济效益和社会效益。

脉冲充电、脉冲放电去极化充电法是一种较好的快速充电方法，实现这一方法的最佳装置是高频开关充电电源。

VRLA 蓄电池充放电的时间、速度、程度等都会对 VRLA 蓄电池的充电效率和使用寿命产生严重影响，因此在对 VRLA 蓄电池进行充、放电时，必须遵循以下原则：

①避免 VRLA 蓄电池充电过量或充电不足；

②控制放电电流值；

③避免深度放电；

④注意环境温度的影响。

三、直流-直流变换技术

对直流电压的幅值和极性的变换称之为直流-直流变换，实现直流变换的电路称为直流变换电流或直流斩波器，即 DC/DC 变换器。在光伏发电系统中，由于太阳能电池所发出的是不稳定的直流电压，一般均需经过 DC/DC 变换，得到所需大小和稳定的直流电压。此外对配有储能装置的光伏发电系统，完成蓄电池的充放电管理也需要直流变换电路。

1. 直流变换电路的基本原理

直流变换电路的组成框图如图 4.2.3 所示。

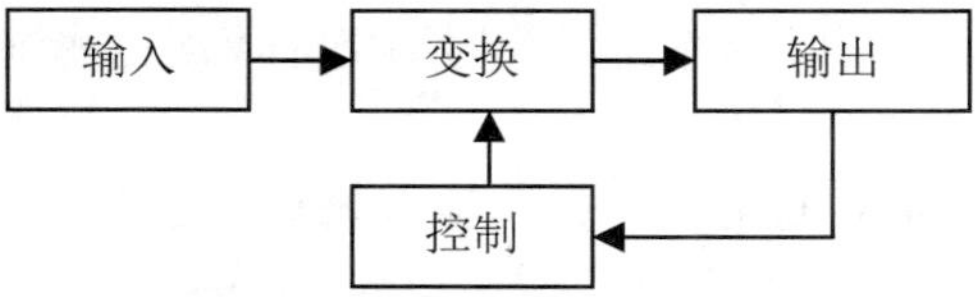

图 4.2.3　直流-直流变换电路组成框图

由图可知，直流变换电路由主电路和控制电路两部分组成，电路的功能是，直流变换主电路在控制电路的控制下，把不可控的直流输入变为可控的直流输出。

在直流变换电路中，输出电压平均值的大小是可控制的，如图 4.2.4 所示。

若输入电压 U_I 是固定不变的直流电，利用控制开关 S 的通、断时间 t_{on} 和 t_{off} 来控制输出

电压的输出平均值 U_O。控制输出电压的方法有多种，其中最常用的方法是在开关频率不变的情况下，改变开关S在每个周期内的导通时间即可控制平均输出电压 U_O 的大小，波形如图4.2.4所示。

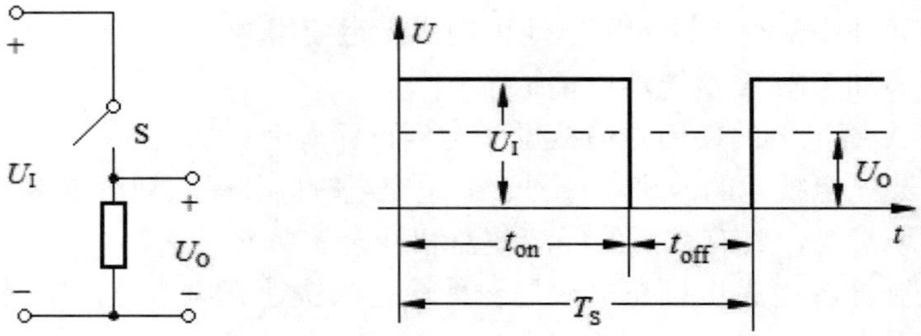

图 4.2.4　直流-直流变换电路工作原理图

由图 4.2.4 可知，电路输出的平均电压

$$U_o = \frac{t_{on}}{t_{on}+t_{off}}U_I = \frac{t_{on}}{T_S}U_I = \delta U_I \qquad (4\text{-}4)$$

这种方法称为脉冲宽度调制（PWM）法或定频调宽法。开关的导通时间 t_{on} 与开关周期 T_S 之比定义为开关导通的占空比 δ，即

$$\delta = \frac{t_{on}}{t_{on}+t_{off}} = \frac{t_{on}}{T_S} \qquad (4\text{-}5)$$

式中，t_{on} 为开关每次接通的时间，T_S 为开关通断的工作周期，改变开关接通时间与工作周期的比例，U_O 的平均值也随之改变。

改变接通时间 t_{on} 和工作周期 T_S 的比例，即改变脉冲占空比 δ 的这种方法，称为时间比率控制法（TRC）。

改变负载端输出电压有 3 种调制方法：

①开关周期 T_S 保持不变，改变开关管导通时间 t_{on}，也称为脉宽调制（PWM）。

②开关管导通时间 t_{on} 保持不变，改变开关周期 T_S 称为脉冲频率调制（PFM）。

③改变开关管导通时间 t_{on}，同时也改变开关周期 T_S 称为混合调制。

2. 不隔离直流变换电路

实现直流-直流变换的电路形式有多种，按照输入与输出是否有隔离来看，可分为隔离型和不隔离型。典型的不隔离型变换电路有降压型变换器（Buck）、升压型变换器（Boost）、降-升压型变换器（Buck-Boost）。

在下列叙述中，在不影响对电路本质认识的前提下，为简化分析过程，做如下假设：

①开关是理想开关，即通、断是瞬间完成的，并且开关在通态时无压降。

②忽略电感、电容元件的损耗，将其视为理想元件。

③脉冲控制电路是理想的，能控制开关按理想开关模式工作。

（1）降压型直流变换电路

图 4.2.5 是具有纯电阻负载的降压型直流变换电路的基本电路原理图。

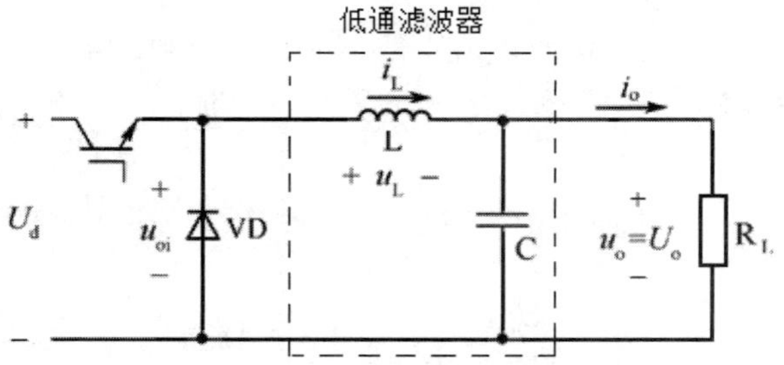

图 4.2.5　Buck 变换电路工作原理图

降压型直流变换电路使用一个全控型电力电子器件 IGBT 作为电子开关，控制电路的通断；VD 为续流二极管，在 IGBT 关断时为负载中电感电流提供通道；RC 电路为低通滤波器，当滤波器截止频率 f_c 远低于开关频率 f_s 时，经过滤波器后的输出电压基本上消除了开关频率造成的纹波，从而得到一个平滑的直流电压。

在负载电流连续的情况下，电路工作原理分析如图 4.2.6 所示。

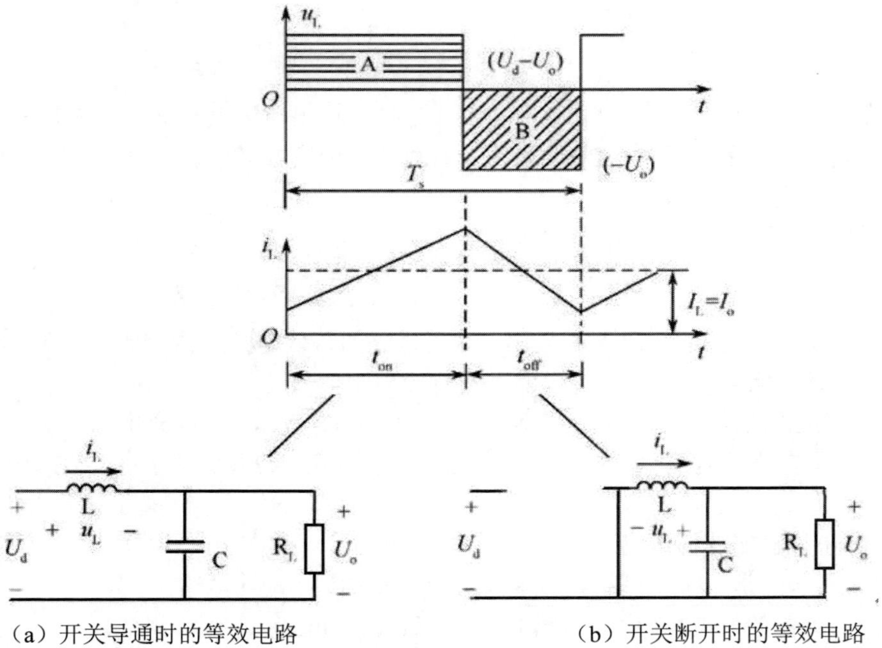

（a）开关导通时的等效电路　　（b）开关断开时的等效电路

图 4.2.6　Buck 变换电路的工作状态与波形

在开关管导通 t_{on} 期间，二极管反偏，输入端向负载和电感 L 提供能量，等效电路如图 4.2.6

（a）所示，式（4-6）为回路电压方程

$$(U_d - U_o)t_{on} = U_o(T_S - t_{on}) \quad (\delta \leqslant 1) \tag{4-6}$$

电感两端有一个正向电压 $u_L = U_d - U_o$，这个电压引起电感电流 i_L 的线性增加。

当开关管关断 t_{off} 期间，由于电感电流不能突变，电感中产生感应电势方向改变，使二极管导通，等效电路如图 4.2.6（b）所示。i_L 经二极管继续流动，电感电流线性下降，电感两端的电压 $u_L = -U_o$。

电路在稳态运行时，在一个周期内电感电压 u_L 的积分必定为零，即图 4.2.6 中阴影面积 A 等于 B。

$$\frac{U_o}{U_d} = \frac{t_{on}}{T_s} = \delta\ (\delta \leqslant 1) \tag{4-7}$$

所以在电流连续的情况下，当输入电压一定时，输出电压与开关的占空比成线性关系，而与其他电路参数无关，Buck 电路具有直流电压变换功能，由于输出电压小于等于输入电压，所以，Buck 电路又称为降压型变换电路。

忽略电路所有元件的能量损耗，则

$$P_d = P_o$$

因此

$$U_d I_d = U_o I_o$$

故有

$$\frac{I_o}{I_d} = \frac{U_d}{U_o} = \frac{1}{\delta} \tag{4-8}$$

所以在电流连续的情况下，当输入电流一定时，输出电流与开关的占空比的倒数成线性关系，而与其他电路参数无关，Buck 电路具有直流电流变换功能。

从输入端看进去的等效电阻：

$$R_d = \frac{U_d}{I_d} = \frac{U_o/\delta}{\delta I_o} = \frac{1}{\delta^2} \times \frac{U_o}{I_o} = \frac{1}{\delta^2} R_L \tag{4-9}$$

在负载电阻 R_L 不变的情况下，从输入端看进去的等效电阻与占空比 δ 有关，改变占控比可改变输入等效电阻，可见，Buck 电路具有直流电阻变换功能。

Buck 变换电路广泛应用于光伏阵列的最大功率点跟踪、蓄电池充电和光伏直流电动机控制等。其优点是电路结构简单、易于控制、变换效率高等；缺点是只能用于输入电压高于输出电压的场合。

（2）升压型直流变换电路

图 4.2.7 所示的是一个升压型直流变换电路，也称为 Boost 电路。

电路由开关器件 IGBT、储能电感 L、二极管 VD 和滤波电容 C 组成。

在电流连续的情况下，电路原理分析如图 4.2.8 所示。

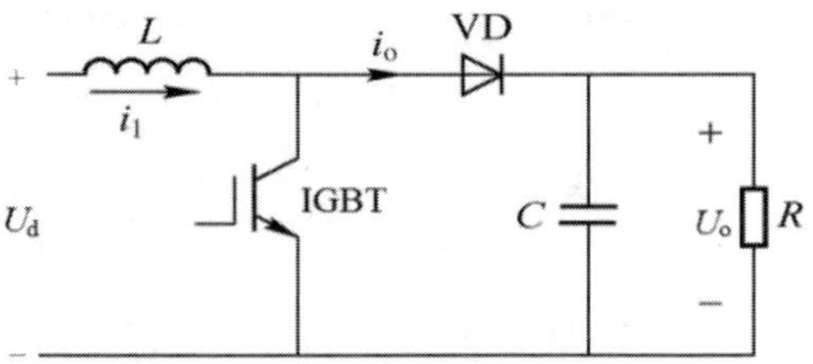

图 4.2.7 Boost 变换电路工作原理图

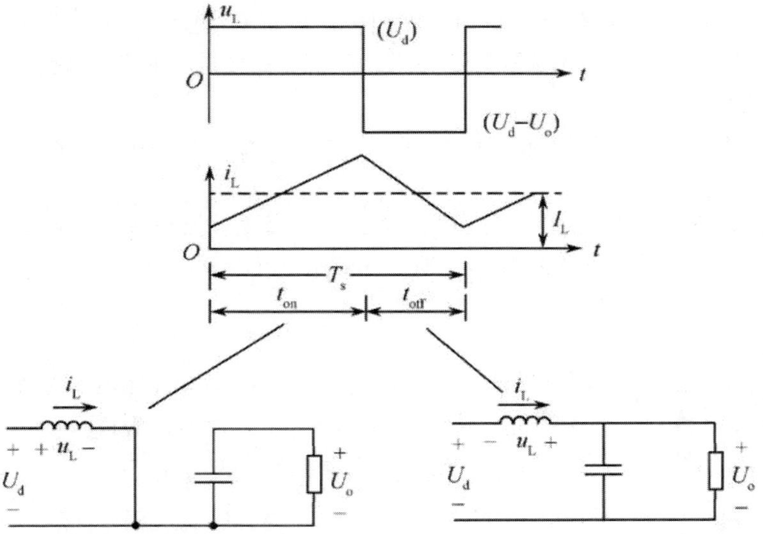

（a）开关导通时的等效电路　　（b）开关断开时的等效电路

图 4.2.8 Boost 变换电路的工作状态与波形

当开关管 IGBT 导通时，输入电源的电流流过电感和开关管，二极管反向偏置，输出与输入隔离，等效电路如图 4.2.8（a）所示。输入端向电感供应能量，电感储能，电感电流线性增加，电感两端产生感应电动势，电感两端电压 $u_L= U_d$，输出端由电容器储能维持输出。

当开关管断开时，电感的感应电势极性改变，二极管导通，电源电压和电感电压叠加后通过二极管向负载提供能量，同时向电容器充电，电压平衡方程式为：

$$U_d + u_L = U_o$$

$$u_L = -(U_d - U_o)$$

电路在稳态运行时，在一个周期内电感电压 u_L 的积分必定为零，即

$$U_d t_{on} + (U_d - U_o) t_{off} = 0$$

整理后为：

$$\frac{U_o}{U_d} = \frac{T_s}{t_{off}} = \frac{1}{1-\delta} \quad (\delta \leqslant 1) \qquad (4\text{-}10)$$

假设电路没有损耗，则 $P_d=P_o$，

$$U_d I_d = U_o I_o$$

$$\frac{I_o}{I_d} = 1-\delta \tag{4-11}$$

$$R_d = \frac{U_d}{I_d} = \frac{U_o(1-\delta)}{I_o/(1-\delta)} = (1-\delta)^2\frac{U_o}{I_o} = (1-\delta)^2 R_L \tag{4-12}$$

Boost 变换电路可将光伏阵列或蓄电池输出电压进行升高变换，其效率较高，电路结构和控制也比较简单，广泛应用于光伏阵列的最大功率点跟踪、光伏照明系统等。

3. 隔离型直流变换器

在光伏发电系统中，很多情况下要求电能变换电路的输入与输出之间实现电气隔离，隔离元件用变压器。

这类变换器是使开关重复通断，把直流电压或电流变换为高频方波电压或电流，经变压器变压后，再经整流电路整流、滤波，得到平稳的直流电压或电流。

（1）单端正激变换电路

①电路结构

单端正激变换电路如图 4.2.9 所示。该电路的特点是：高频变压器有三个绕组，初级绕组 N_1、次级绕组 N_2、辅助绕组（磁通复位绕组）N_3；功率开关管 VT；VD_2 为隔离二极管；VD 为整流二极管；VD_1 为续流二极管；L、C 构成输出滤波器。

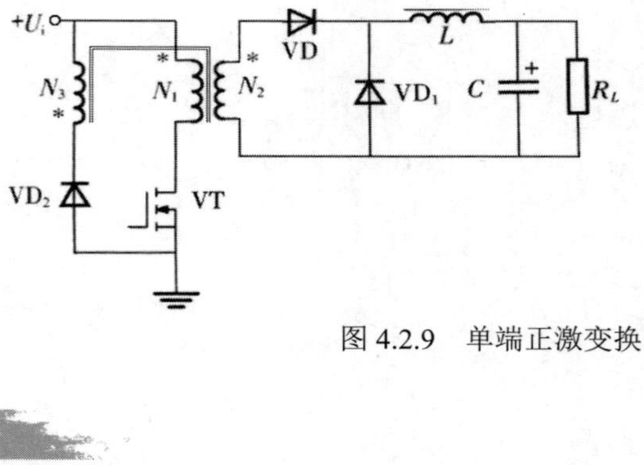

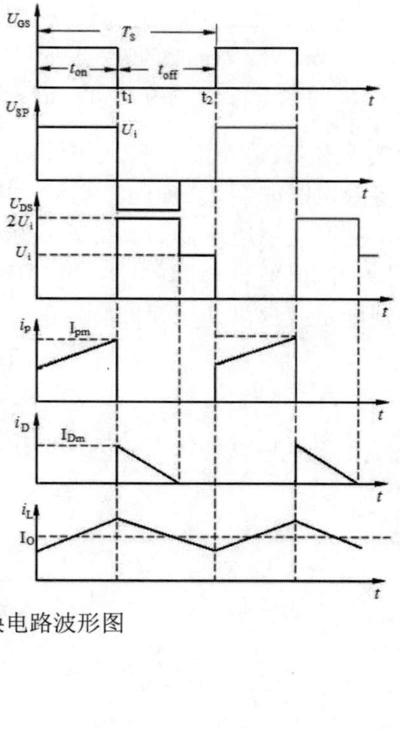

图 4.2.9 单端正激变换电路波形图

②工作原理

当功率开关管导通时，变压器初级绕组流过电流 i_p，输入电压 U_i 全部加在变压器的初级绕组上，即 $u_{N1}=U_i$，极性上正下负。根据电路同名端标记和 $N_1=N_3$ 的假设，去磁绕组 N_3 感应电压使二极管 VD_2 截止，而 N_2 的感应电压 u_{N2}（$u_{N2}=nU_i$，$n=N_2/N_1$）使 VD 导通且 VD_1 截止。VD 导通后变压器次级获得的能量得以向电感 L、电容 C 和负载 R 传递。

当功率开关管截止时，初级绕组 N_1 的电流减小趋于零，使 N_1 绕组感应电动势方向发生改变，为下正上负，同名端 N_2、N_3 中的电动势极性也发生改变，于是 VD 截止，VD_1、VD_2 导通。VD_2 导通，把 VT 导通期间变压器储存的能量回馈给电源；VD_1 导通为电感 L 提供续流回路，L、C 将储存的能量向负载释放。

③输出电压计算

$$U_o=\frac{N_2}{N_1}\frac{t_{on}}{T_s}U_i=\frac{N_2}{N_1}\delta U_i \tag{4-13}$$

显然，只要改变占空比 δ 就可改变输出电压 U_o 的大小。

从上述分析可知，单端正激变换电路是由降压型变换电路插入变压器而演变来的。所谓“正激”，是指变换电路在开关管导通期间，电源的能量通过变压器的耦合传递到负载端。

（2）单端反激变换电路

①电路结构

单端反激变换电路是由升压型变换电路演变而来的，其主电路如图 4.2.10 所示。

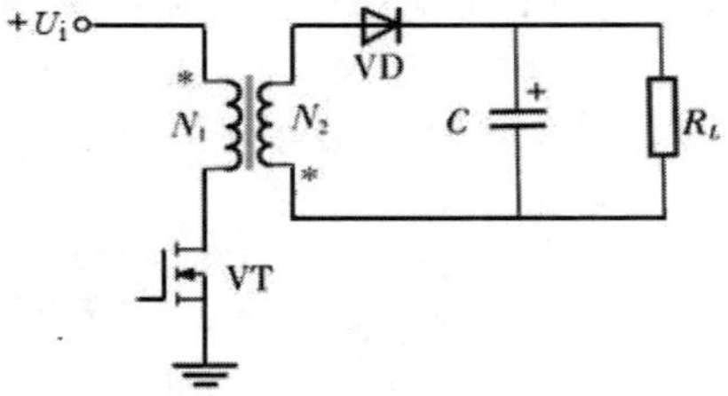

图 4.2.10 单端反激变换电路

该电路在结构上与单端正激变换电路相似，其根本区别在于其次级整流管在非同名端，而且不需要连接滤波电感，不需要去磁绕组。

②工作原理

如图 4.2.11 所示，当功率开关管导通时，变压器初级绕组流过电流 i_p，输入电压 U_i 全部加在变压器的初级绕组上，即 $u_{N1}=U_i$，极性上正下负。根据绕组同名端标记，N_2 绕组的感应电压 u_{N2}（$u_{N2}=nU_i$，$n=N_2/N_1$）使 VD 截止，负载电流依靠电容 C 放电维持。这期间变压器初级绕组电流几乎线性上升，变压器像电感一样储存能量。

当开关功率管截止时，初级绕组电流立即为零，变压器初、次级绕组电动势方向改变，整流二极管 VD 导通，变压器储存的能量通过次级绕组为电容充电并向负载提供能量。

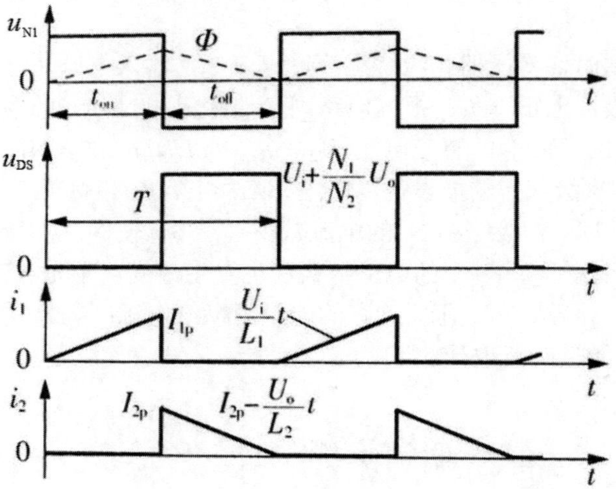

图 4.2.11　单端反激变换电路的工作原理

③输出电压计算

不考虑二极管的正向压降，输出电压为：

$$U_o = \frac{\delta}{n(1-\delta)}U_i \tag{4-14}$$

（3）推挽式变换电路

图 4.2.12 所示电路为推挽式变换的主电路。该电路在结构上，相当于两个单端反激变换电路通过高频变压器形成并联形式，由 VT_1 、N_1、N_3、VD_1、L、C 构成一单端正激变换电路；由 VT_2 、N_2、N_4、VD_2、L、C 构成另一单端正激变换电路。

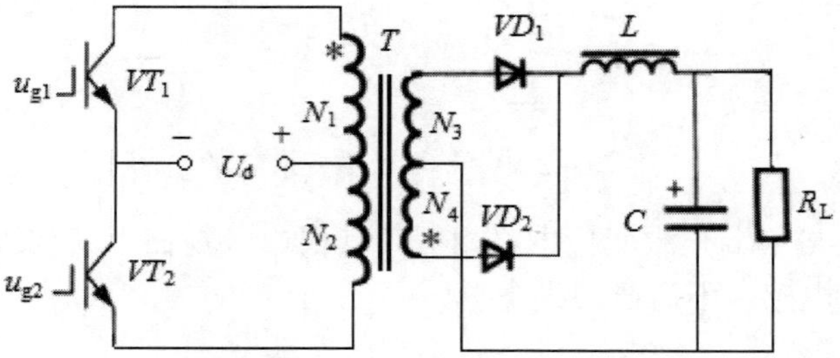

图 4.2.12　推挽式变换电路

电路工作时，控制电路使 VT_1 、VT_2 交替工作，相当于两个单端正激电路交替工作，这样电路不需单独的去磁电路就能正常工作。

推挽式变换电路具有以下特点：

①功率开关管是共地的，驱动不需隔离，驱动方便；

②用两只功率开关管，可输出较大功率；

③功率开关管最大承受电压为 2 倍输入电压。

该电路虽然结构简单、驱动方便，但开关管承受电压较高，存在 VT_1、VT_2 同时导通的危险，主要应用在输入电压较高或较低的场合。

（4）全桥式变换电路

全桥式变换电路如图 4.2.13 所示。该电路由四只功率开关管 VT_1～VT_4、高频变压器、整流二极管 VD_5、VD_6 及续流二极管 VD_1～VD_4、LC 滤波电路组成。

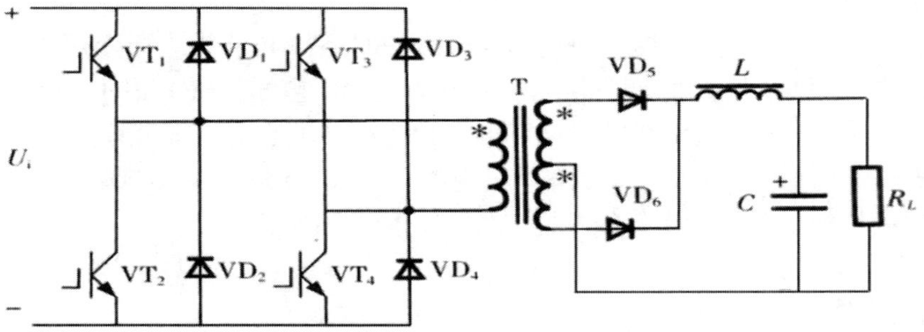

图 4.2.13　全桥式变换电路

该电路的工作原理是：控制电路先使 VT_1、VT_4 导通而 VT_2、VT_3 截止，输入电压 U_i 全部加到初级线圈上，极性上正下负，根据同名端标志，二极管 VD_5 在次级绕组感应电压作用下导通而 VD_6 截止，VD_5 导通后将次级能量向 L、C 和负载传送。

VT_1、VT_4 导通时间 t_{on} 后，令其截止一个时间 t_{off}，在 t_{off} 时间内 VT_1～VT_4 均截止，t_{off} 称为死区时间。

t_{off} 过后，控制电路再使 VT_2、VT_3 导通而使 VT_1、VT_4 继续关断，这时输入电压 U_i 全部加到初级线圈上，极性上负下正，根据同名端标志，二极管 VD_6 在次级绕组感应电压作用下导通而 VD_5 截止，VD_6 导通后将次级能量向 L、C 和负载传送。

VT_2 、VT_3 导通时间也为 t_{on}，之后再使 VT_1～VT_4 均截止 t_{off}，便完成一个工作周期，此后电路便变周而复始地工作，全桥式变换电路导通时序图如图 4.2.14 所示。

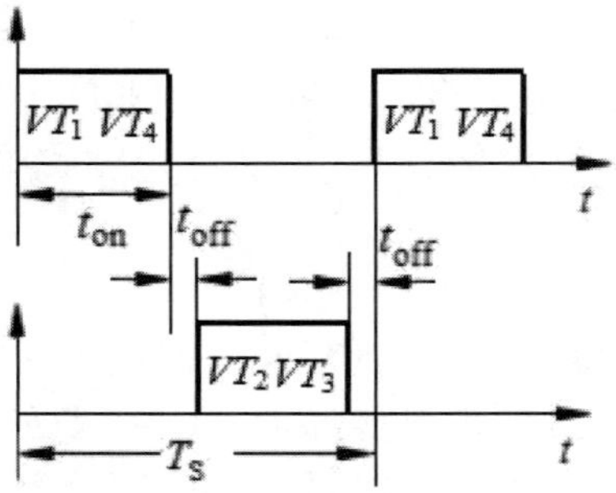

图 4.2.14　全桥式变换电路时序图

全桥式变换电路的特点：

①功率开关管承受的最高电压为直流母线电压的最大值，功率开关管的额定电流比推挽式变换电路低一半；

②电路中的四只功率开关管在驱动时需要隔离；

③高频变压器的初级只有一个绕组，因而其绕制较推挽式电路中的高频变压器简单。

4. 直流-直流变换器的控制

直流-直流变换器的控制电路的作用是向逆变电路功率开关器件提供一对前沿陡峭、相位差为 180°、对称和宽度可变的矩形脉冲列。通常采用 SG3525 电路为直流变换器提供控制信号。

SG3525 是美国通用半导体公司推出的用于驱动 N 沟道功率 MOSFET 的器件，SG3525 是一种性能优良、功能齐全和通用性强的单片集成 PWM 控制芯片，它简单可靠、使用方便灵活，输出驱动为推拉输出形式，增加了驱动能力；内部含有欠压锁定电路、软启动控制电路、PWM 锁存器，有过流保护功能，频率可调，同时能限制最大占空比。

脉宽调制器 SG3525 简介：

（1）结构框图

SG3525 是定频 PWM 电路，采用 16 引脚标准 DIP 封装。其各引脚功能如图 4.2.15 所示，其内部原理框图如图 4.2.16 所示。

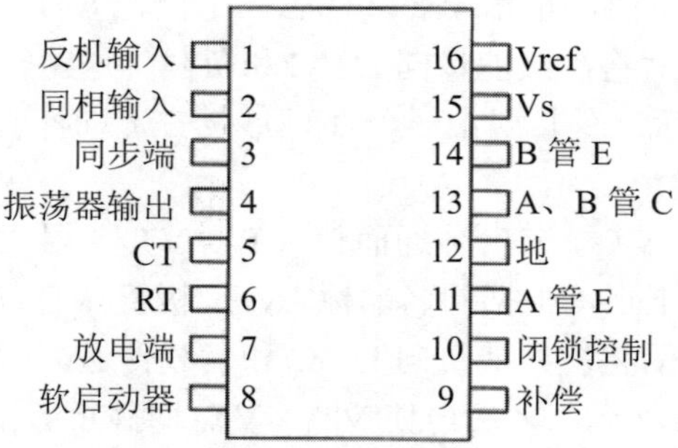

图 4.2.15　SG3525 引脚图

（2）引脚功能说明

直流电源 Vs 从脚 15 接入后分两路，一路加到或非门；另一路送到基准电压稳压器的输入端，产生稳定的电压作为电源。振荡器脚 5 须外接电容 C_T，脚 6 须外接电阻 R_T。振荡器频率 f 由外接电阻 R_T 和电容 C_T 决定：

$$f = \frac{1}{C_T(0.7R_T + 3R_D)}$$

振荡器的输出分为两路，一路以时钟脉冲形式送至双稳态触发器及两个或非门；另一路以锯齿波形式送至比较器的同相输入端，比较器的反向输入端接误差放大器的输出，误差放大器的输出与锯齿波电压在比较器中进行比较，输出一个随误差放大器输出电压高低而改变宽度的方波脉冲，再将此方波脉冲送到或非门的一个输入端。或非门的另两个输入端分别为双稳态触发器和振荡器锯齿波。双稳态触发器的两个输出互补，交替输出高低电平，将 PWM 脉冲送至三极管 VT_1 及 VT_2 的基极，锯齿波的作用是加入死区时间，保证 VT_1 及 VT_2 不同时导通。最后，VT_1 及 VT_2 分别输出相位差为 180°的 PWM 波。

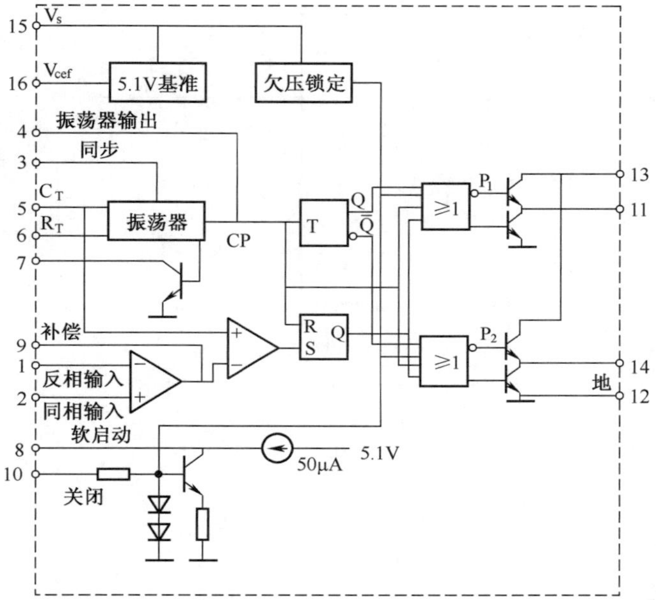

图 4.2.16　SG3525 内部结构图

其性能特点如下：

①工作电压范围宽：8～35V。

②内置 5.1 V±1.0%的基准电压源。

③芯片内振荡器工作频率宽 100Hz～400kHz。

④具有振荡器外部同步功能。

⑤死区时间可调。为了适应驱动快速场效应管的需要，末级采用推拉式工作电路，使开关速度更快，末级输出或吸入电流最大值可达 400mA。

⑥内设欠压锁定电路。当输入电压小于 8V 时芯片内部锁定，停止工作（基准源及必要电路除外），使消耗电流降至小于 2mA。

⑦有软启动电路。比较器的反相输入端即软启动控制端芯片的引脚 8，可外接软启动电容。该电容器内部的基准电压 U_{ref} 由恒流源供电，达到 2.5V 的时间为 t=(2.5V/50μA)C，占空比由小到大（50%）变化。

⑧内置 PWM（脉宽调制）。锁存器将比较器送来的所有的跳动和振荡信号消除。只有在下一个时钟周期才能重新置位，系统的可靠性高。

SG3525 的应用电路如图 4.2.17 所示。

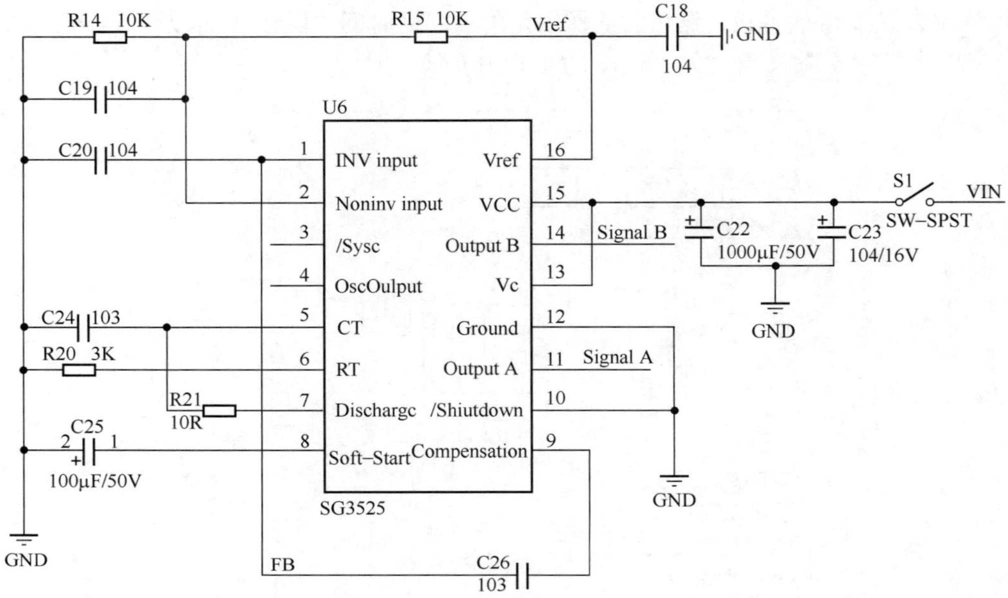

图 4.2.17　SG3525 应用电路

四、光伏控制器类型

1. 并联型控制器

图 4.2.18 是单路并联型充放电控制器电路原理图。图中，VD_1 是防反充电二极管，只有在光伏组件所输出的电压大于蓄电池端电压时导通，保证夜间或阴雨天不会出现蓄电池向光伏组件反向放电；VD_2 是防反接二极管，当蓄电池极性接反时，VD_2 导通，短路电流使熔断器 Bx 熔断，起到保护蓄电池反接保护作用。T_1 是控制器充电回路中的电子开关；T_2 为蓄电池放电回路电子开关；Bx 是保险丝；R 是泄荷负载。

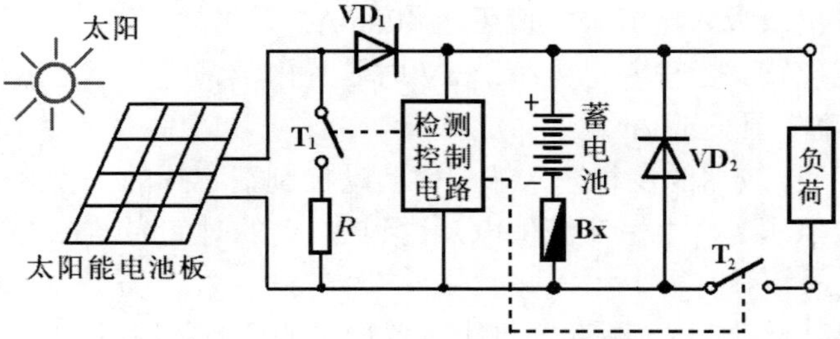

图 4.2.18　并联型充放电控制器

在充电回路中，电子开关 T_1 并联到光伏组件两端。当检测电路检测到蓄电池端电压大于“充满切离电压”时，控制电子开关 T_1 导通，二极管 VD_1 因反偏而截止。光伏组件直接通过 T_1 短路泄放能量，VD_1 断开蓄电池充电回路，从而保证蓄电池不会出现过冲现象。

当检测电路检测到蓄电池小于“过放电压”时，控制电子开关 T_2 断开，起到蓄电池的过放电保护功能。

2. 串联型控制器

串联型充放电控制器电路如图 4.2.19 所示。串联型控制器与并联型控制器电路组成相似，唯一区别是电子开关 T_1 接法不同，将电子开关 T_1 串接在光伏组件和蓄电池之间，来实现对蓄电池充电的控制。

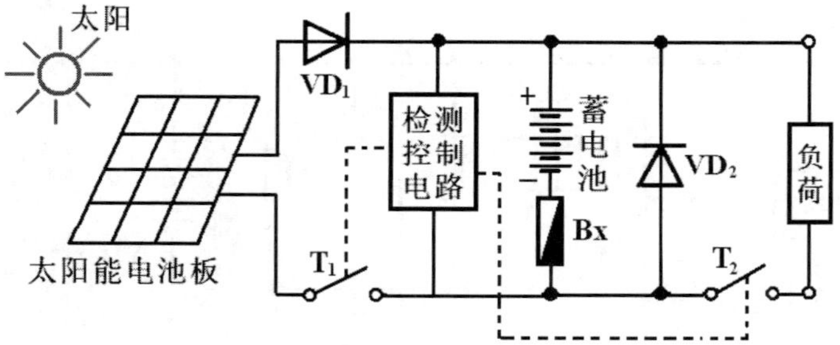

图 4.2.19　串联型充放电控制器

当检测电路检测到蓄电池电压大于“充满切断电压”时，控制电子开关 T_1 断开，太阳能电池不会对蓄电池再充电，起到过充电保护作用。

蓄电池过放保护原理同并联型控制器。

蓄电池电压检测控制电路图如图 4.2.20 所示。检测电路包括过电压检测控制和欠电压检测控制两部分。

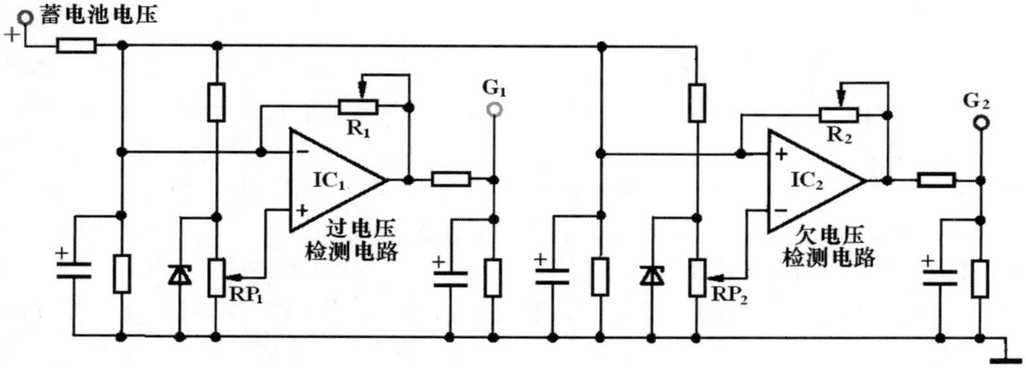

图 4.2.20　蓄电池电压检测电路

图中 IC_1、IC_2 是带回差控制的运算放大器。IC_1 及周围元器件组成过电压检测控制电路。IC_1 的同相输入端由 RP_1 提供对应“过压切离”的基准电压，而反相输入端接入蓄电池的端电压，当蓄电池的端电压高于过压切离的基准电压时，IC_1 输出端 G_1 为低电平，电子开关 T_1 断开，切断充电回路，起到过电压保护作用。

IC_2 及周围元器件组成欠电压检测控制电路。IC_1 的反相输入端由 RP_2 提供对应“欠压门限电平”的基准电压，而同相输入端接入蓄电池的端电压，当蓄电池的端电压低于“欠压门限电平”基准电压时，IC_2 输出端 G_1 为低电平，电子开关 T_2 断开，切断放电回路，起到欠电压保护作用。

3. PWM 控制器

PWM 控制器主电路如图 4.2.21 所示。

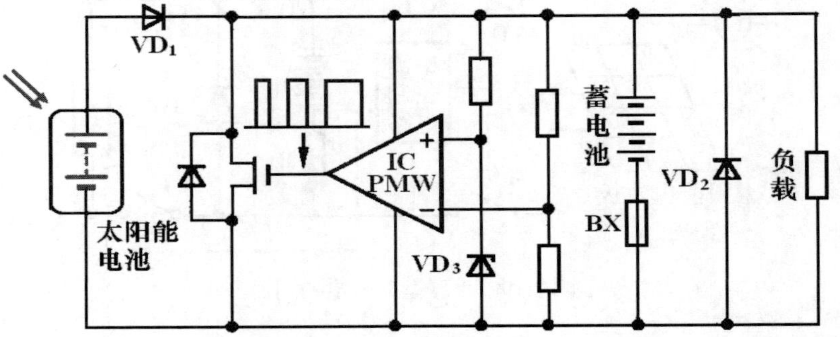

图 4.2.21　PWM 控制器

图中 IC 为 PWM 脉冲发生器，其同相输入端由稳压二极管 VD_3 提供基准电压，反相输入端电压随蓄电池电压的变化而变化。

当蓄电池电压较低时，脉冲发生器输入端压差较大，输出脉冲脉宽小（占空比小），开关场效应管导通时间短、截止时间长，相当于给蓄电池充电时间变长、停充时间变短，蓄电池快速充电。

随着蓄电池电压的升高，脉冲发生器输入端压差变小，输出脉冲脉宽变宽（占空比增大），开关场效应管导通时间变长、截止时间变短，相当于给蓄电池充电时间变短、停充时间增加，充电电流逐渐减小。

所以，PWM 控制器能根据蓄电池端电压的变化，自动改变输出脉冲的占空比，自动调节充电电流，对蓄电池进行脉冲充电，能有效消除极化现象。

4. 智能控制器

智能控制器的主电路如图 4.2.22 所示。智能型控制器采用 CPU 或 MCU 等微处理器对太阳能光伏发电系统的运行参数（电流、电压、温度等）进行高速实时采集，并按照一定的控制规律由单片机内设计的程序对单路或多路光伏组件进行切断与接通的智能控制。

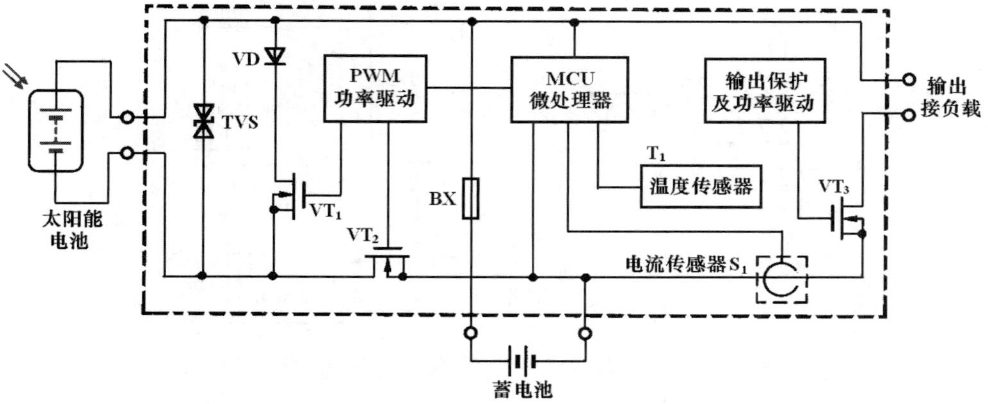

图 4.2.22 智能控制器

智能控制器的充电采用强充、递减、浮充自动轮换的模式，依据蓄电池端电压变化趋势自动调整充电电流，或控制光伏组件的接通或切离，既充分利用了有限的太阳能电池资源，又保证了蓄电池组安全可靠地运行。

5. 最大功率点跟踪型控制器

最大功率点跟踪型控制器的原理是将太阳能电池方阵的电压和电流检测后相乘得到的功率，判断太阳能电池方阵此时的输出功率是否达到最大，若不在最大功率点运行，则调整 DC/DC 电路输出的脉冲宽度、调制输出占空比、改变充电电流，再次进行实时采样，并做出是否改变占空比的判断。最大功率点跟踪控制器的组成框图如图 4.2.23 所示。

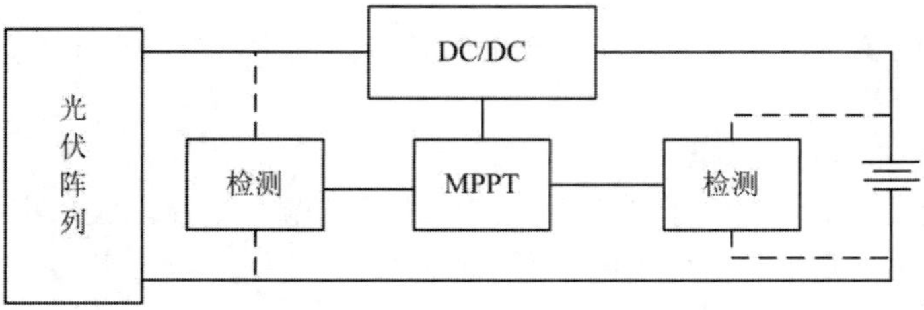

图 4.2.23 MPPT 控制器的结构框图

图 4.2.24 是一个具有 MPPT 功能的充放电控制器原理框图，它由自带 A/D 转换功能的单片机（MCU）、电压采集电路、电流采集电路、DC/DC 变换电路等组成。

（1）DC/DC 变换电路，直流升（降）压功能（系统匹配）。

（2）测量电路，主要是 DC/DC 变换电路的输入侧电压和电流值、输出侧的电压值，以及温度等测量电路。

（3）单片机及监控软件，常用控制算法有：恒定电压跟踪法、扰动观察法、增量电导法、标准蓄电池查表法等。

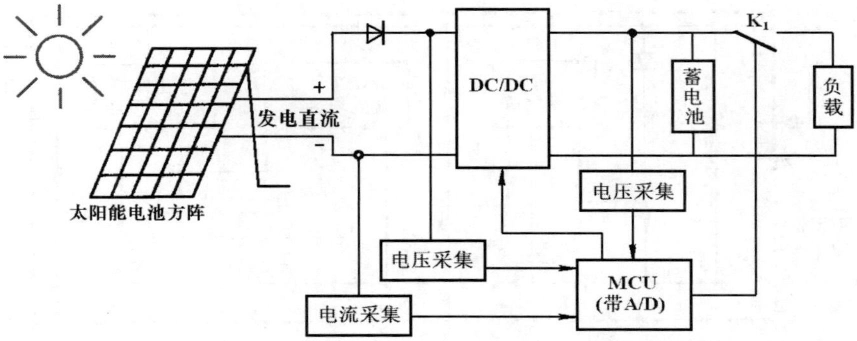

图 4.2.24　采用单片机组成的 MPPT 充放电控制器原理框图

最大功率跟踪型控制器的作用：通过直流变换电路和寻优跟踪控制程序，无论太阳辐照度、温度和负载特性如何变化，始终使太阳能电池方阵工作在最大功率点附近，充分发挥太阳能电池方阵的效能，这种方法被称为“最大功率点跟踪”，即 MPPT（Maximum Power Point Tracking）。同时，采用 PWM 调制方式，使充电电流成为脉冲电流，以减少蓄电池的极化，提高充电效率。

【任务实施】

一、光伏控制器的配置选型

光伏控制器的配置选型要根据整个系统的各项技术指标并参考生产厂家提供的产品样本手册来确定。一般考虑下列几项技术指标：

1. 系统工作电压

根据直流负载的工作电压或交流逆变器的配置选型确定，一般有 12V、24V、48V、110V 和 220V 等。

2. 额定输入电流和输入路数

控制器的额定输入电流应等于或大于太阳能电池的输入电流。大功率控制器采用多路输入，每路输入的最大电流＝额定输入电流/输入路数。

3. 控制器的额定负载电流

控制器输出到直流负载或逆变器的直流输出电流，该数据要满足负载或逆变器的输入要求。

除上述主要技术数据要满足设计要求以外，使用环境温度、海拔高度、防护等级和外形尺寸等参数以及生产厂家和品牌也是控制器配置选型时要考虑的因素。

二、48VDC-100A 系列光伏控制器调试

1. 电源模块调试

（1）接线

加 46V 的直流稳压源，正极接 D24（5408）的正极，负极接 B-（电池的正负极是两个铜

牌共连的）。

（2）测试工具

直流稳压源，万用表。

（3）测试各个稳压管的输出电压是否正常：

U14：7805 是+5V 输出；U15：7805 是+5V 输出；U16：7815 是+15V 输出；U17：7915 是-15V 输出；U18：7912 是-12V 输出；U19：7812 是+12 输出；风扇电压：12V。

2. 电路板调试

（1）接线

①直流稳压源输入 50V 左右；

②接上已调合格的液晶显示及按键板；

③将电源开关（P201）短接；

④将温度传感器安装上。

（2）测试工具

直流稳压源、万用表。

（3）测试项目

①测试温度传感器；

②调整液晶显示板的蓄电池的显示电压与实测值相同；

③测试在欠压状态下电路板是否能正常实现其功能；

④测试在过压状态下电路板是否能正常实现其功能。

（4）调试步骤

①打开直流稳压源，给控制器供电；

②若控制器开机在正常状态，查看液晶显示的散热器的温度值并用手握住温度传感器，观察散热器的值是否正常，若有异常可对温度值进行调整；

③用万用表测量蓄电池的电压，查看显示值，如不一致则对其进行调整并记下蓄电池电压经修正值修改后的值；

④用万用表测量各路驱动信号（Q1、Q3、Q7、Q9 的 1、3 脚的电压）和输出的驱动信号（Q5 的 1、3 脚的电压），若每路导通则驱动信号是 15V，对应的干接点是断开的（用万用表测量是否导通即可），正常运行时输出是导通的，对应的干接点是断开的；

⑤通过修改显示板的蓄电池的修正值，使电池电压<欠压值，观察控制器的欠压保护功能（蜂鸣器报警），欠压状态控制的输出将被切断，每路输入正常，此时可测每路的驱动信号及输出的驱动信号，每路的驱动信号应正常，输出的驱动信号为 0，每路对应的干接点断开，输出对应的干接点导通。

⑥同上一步将液晶显示的电源调至>过压值，观察控制器的过压保护功能（蜂鸣器报警），过压状态控制器的 4 路输入将被切离，输出正常，此时可测各路的驱动信号，4 路的驱动信号应为 0，对应的干接点导通，输出的驱动信号应正常，对应的干接点应断开。

⑦调试完后需断电再重启，观察之前修改的修正值有没有保存下来。

3. 放电电流和充电电流调试

（1）调试工具：

直流稳压源、负载、48V 蓄电池、钳流表、电压表。

（2）调试步骤：

1）放电电流调试

①接一路负载，将负载电线从霍尔传感器 P13 中绕两圈（注意使电流的流向与传感器规定的方向一致），接 48V 的蓄电池，短接控制的电源开关（P201）；

②打开电池开关、打开负载开关，用钳流表测试负载电流，将液晶显示器调至放电电流，比较显示值与测试之间的误差，规定误差值在 1A 之内，若误差大则需重新调整放电电流的修正值，同时用万用表测量蓄电池的实际输出电压并与显示值进行对比，误差值保持在 0.5V 之内；调试完后需断电重启，观察所对应的修正值有无保存下来。

2）充电电流调试

①关闭蓄电池、负载，将直流稳压源电压调至 53V 左右（确保直流源输出电压大于蓄电池两端的电压即可），电流调至 5A 左右，关闭直流源并将直流源的正极导线穿过霍尔传感器 P12（确保电流的流向与霍尔传感器规定的电流流向一致）接到输入的正极，直流源的负极接到输入的负极；

②打开蓄电池，打开直流稳压源，用钳流表测直流源实际的输出电流，同时查看液晶显示板显示的充电电流，若误差大于 1A 则需调整充电电流的修正值，比较蓄电池的显示值与实测值；

③模拟输入是共正极的，故通过换接模拟输入的负极分别测试 4 路充电电流与显示值是否一致；

④调试完毕后，需断电重启观察修改的修正值有无保存。

【项目总结】

光伏控制器是对光伏发电系统进行管理和控制的设备。本项目通过对光伏控制器参数的选取以及各类控制器原理的学习，并通过实际的制作调试，对控制器的制作与调试有个深刻的认识，为今后从事光伏发电系统安装与调试工作奠定了坚实的基础。

【项目训练】

1. 常见光伏发电系统控制器的种类有哪些？
2. 光伏发电系统控制器的作用是什么？
3. 衡量控制器好坏的参数是什么？
4. 常见的蓄电池充放电控制器有哪些？列举常用型号以及性能特点。
5. 简单说明控制器对蓄电池充放电的影响。
6. 什么是最大功率跟踪，常用的智能控制器有哪些？

5

光伏发电逆变系统的安装与调试

【项目描述】

光伏发电系统所发出的电能为直流电，然而以直流电形式供电的系统有着很大的局限性，例如家庭中使用的电视机、电冰箱、日光灯等家用电器均不能直接使用直流电源，所以，在光伏发电系统中，通常需要把直流电变换为交流电，才能供给负载或并入电网。把直流电变换为交流电的装置，称为逆变器。因此，光伏发电系统中，逆变器占有相当重要的地位，作为光伏发电系统安装与调试工程技术人员，应掌握逆变器的工作原理和安装调试技能。

任务一　逆变器的选型

【任务描述】

目前几乎所有的电力电子变换电路都离不开逆变电路，逆变器是电能变换中的最核心部分。因此，逆变器的选型在光伏发电系统安装与调试中的地位是不可替代的，如何对逆变器进行选型，将通过本任务来学习。

【相关知识】

一、光伏发电系统对逆变器的性能要求

（1）最大功率点跟踪（MPPT）：太阳能电池阵列的输出特性是非线性的，并且其输出电压受太阳辐射强度、环境温度和负载影响。太阳能电池只有在某一输出电压时，才输出最大功率，因此，作为有限功率电源，为提高光伏电池的利用率，提高系统的整体效率，一个重要的

途径就是实时调整光伏电池的工作点，使之始终工作在最大功率点附近。在光伏发电系统中，调整光伏电池工作点的任务就是由电能变换电路来完成的，因而，一个性能良好的光伏发电系统，其电能变换电路必须具备最大功率点跟踪功能。

（2）高效：光伏发电系统中太阳能电池输出的电能通常至少经过一级电能变换电路（DC/DC 或 DA/AC），有时还需多级变换。为充分发挥有限的光伏电池的资源，电能变换电路必须降低损耗，尽可能提高变换效率。

（3）绿色：光伏发电系统的绿色化的要求主要针对光伏并网系统。由于电能变换电路使用电力电子器件的非线性，会产生很多谐波，若不采取一定措施进行合理的抑制，必将对电网造成严重的污染。因此，光伏并网发电系统的电能变换电路必须尽可能降低谐波污染，实现绿色化供电。

二、直流-交流变换技术

将直流电能变换成交流电能的过程称为逆变，完成逆变功能的电路称为逆变电路，而实现逆变过程的装置称为逆变器或逆变装置。

太阳能光伏发电系统中使用的逆变器是一种将太阳能电池所产生的直流电能转换为交流电能的转换装置，它使转换后的交流电的电压、频率、波形等与电力系统交流电的电压、频率、波形等相一致，以满足各种交流用电装置、设备供电及并网发电的需要。

1. 逆变器的分类

逆变器及逆变技术按输出波型、主电路拓朴结构、输出相数等方式来分类，有多种逆变器，具体如下：

（1）按输出电压波形，分为方波逆变器、正弦波逆变器、阶梯波逆变器；

（2）按输出交流电相数，分为单相逆变器、三相逆变器、多相逆变器；

（3）按直流侧滤波方式，分为电压源型逆变器、电流源型逆变器；

（4）按主电路拓朴结构，分为推挽逆变器、半桥逆变器、全桥逆变器；

（5）按供电负载性质，分为有源逆变器、无源逆变器；

（6）按输出交流电的频率，分为低频逆变器、工频逆变器、中频逆变器、高频逆变器。

2. 光伏逆变器的电路构成

逆变器的基本电路构成如图 5.1.1 所示。主要由输入电路、输出电路、主逆变开关电路（简称主逆变电路）、控制电路、辅助电路和保护电路等构成。

（1）输入电路。逆变器的输入电路主要是为主逆变电路提供可确保其正常工作的直流工作电压。

（2）主逆变电路。主逆变电路是逆变器的核心，它的主要作用是通过半导体开关器件的导通和关断完成逆变的功能。

（3）输出电路。逆变器的输出电路主要是对主逆变电路输出的交流电的波形、频率、电压、电流的幅值、相位等进行修正、补偿、调理，使之能满足使用需求。

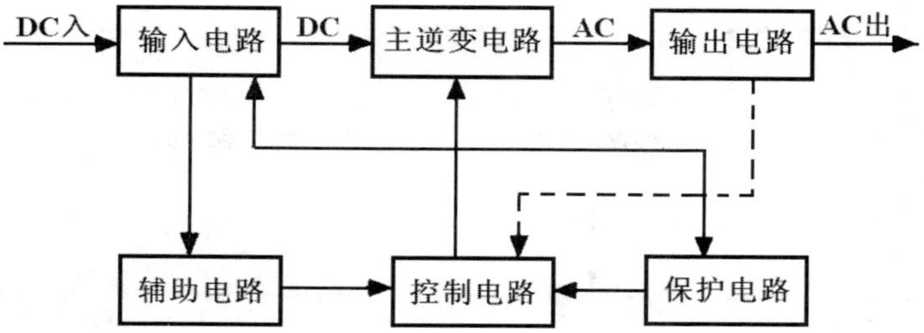

图 5.1.1　光伏逆变器的组成框图

（4）控制电路。逆变器的控制电路主要是为主逆变电路提供一系列的控制脉冲来控制逆变开关器件的导通与关断，配合主逆变电路完成逆变功能。

（5）辅助电路。辅助电路主要是将输入电压变换成适合控制电路工作的直流电压。辅助电路还包含多种检测、显示电路。

逆变器的显示功能主要包括：直流输入电压和电流的测量值，交流输出电压和电流的测量值，逆变器的工作状态（运行、故障、停机等）。

（6）保护电路。逆变器的保护电路主要包括输入过压、欠压保护，输出过压、欠压保护，过载保护，过流和短路保护，接反保护，过热保护等。

3. 单相逆变电路

单相逆变器的基本电路有推挽式、半桥式和全桥式三种。

（1）推挽式逆变电路

推挽式逆变电路原理如图 5.1.2 所示。

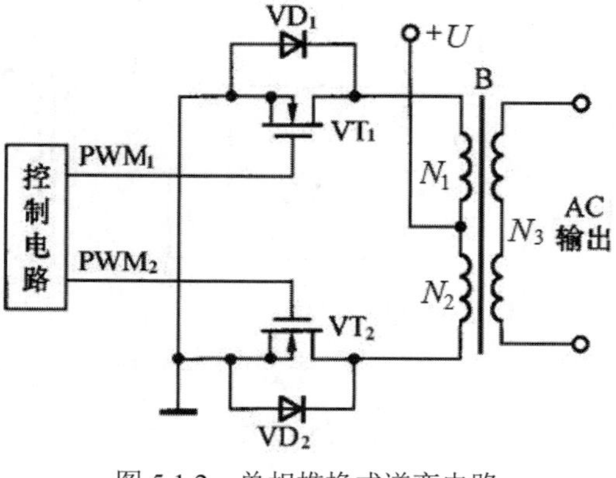

图 5.1.2　单相推挽式逆变电路

该电路由两只共负极连接的功率开关管和一个初级带有中心抽头的升压变压器组成。升压变压器的中心抽头接直流电源正极，两只功率开关管在控制电路的作用下交替工作，输出方波电压如图 5.1.3 所示。

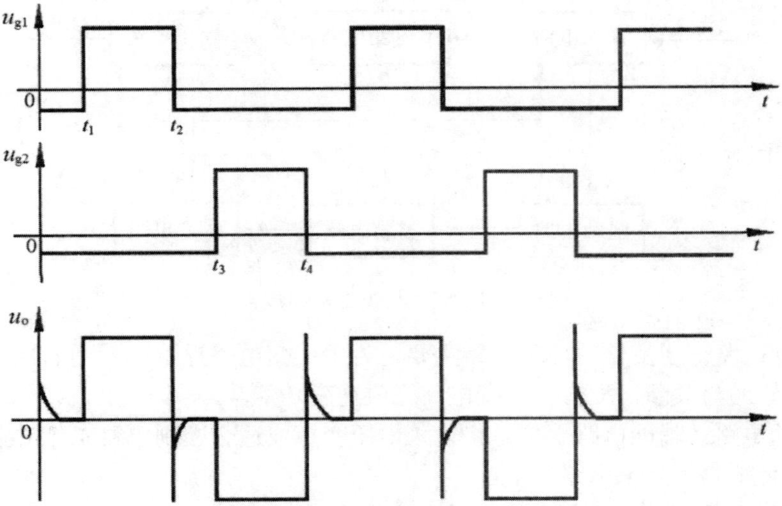

图 5.1.3 推挽式电路控制电压及输出电压波形

（2）半桥式逆变电路

半桥式逆变电路由两只功率开关管 VT_1、VT_2，两只分压电容器 C_1、C_2 和耦合变压器等组成，如图 5.1.4 所示。

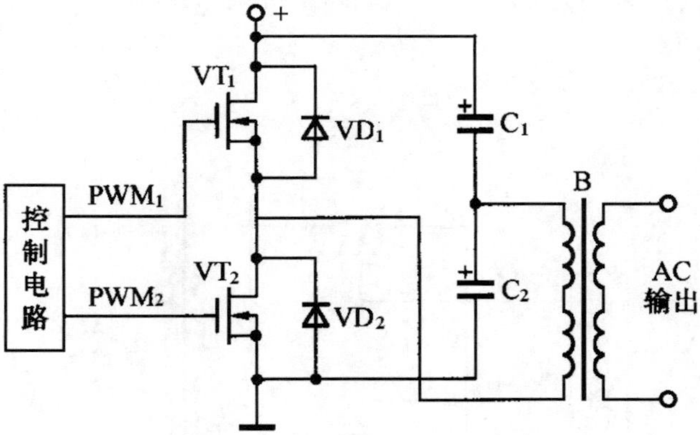

图 5.1.4 单相半桥式逆变电路

两只分压电容 C_1、C_2 容量相等，且容量足够大，以至于在电路工作过程中 C_1、C_2 两端电压几乎不变。

该电路将两只串联电容的中点作为参考点，当功率开关管 VT_1 在控制电路的作用下导通时，电容 C_1 上的能量通过变压器初级释放，得到输出电压 u_o 的正半周；当功率开关管 VT_2 导通时，电容 C_2 上的能量通过变压器初级释放，得到输出电压 u_o 的负半周；VT_1 和 VT_2 的轮流导通，在变压器次级获得了交流电能，输出电压波形如图 5.1.5 所示。

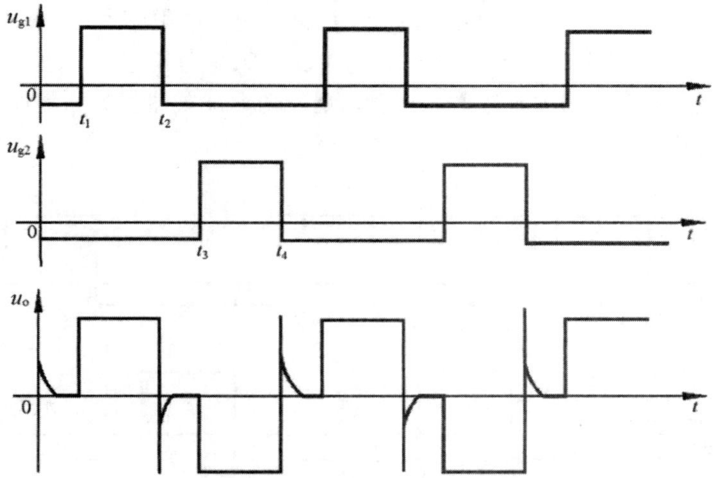

图 5.1.5　半桥式电路控制电压及输出电压波形

在工作波形中，u_{g1}、u_{g2} 为开关管 VT_1、VT_2 的驱动脉冲，u_o 为逆变器的输出波形。

（3）全桥式逆变电路

全桥式逆变电路原理如图 5.1.6（a）所示。该电路由四只功率开关管、四只续流二极管及变压器等组成。

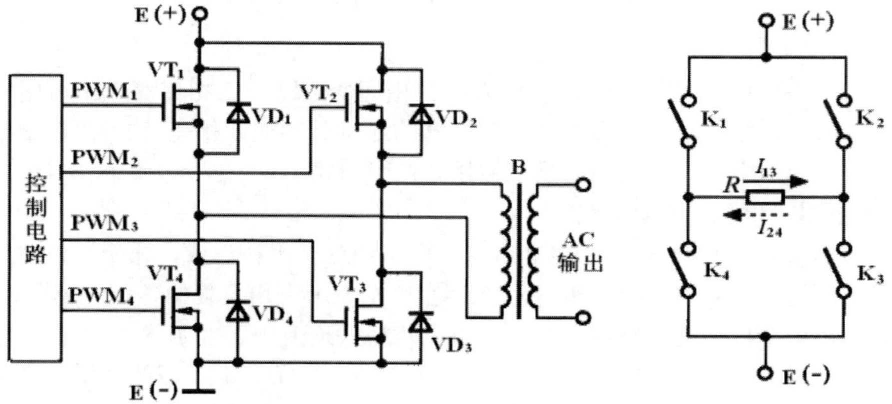

（a）　（b）

图 5.1.6　单相全桥式逆变电路

功率开关管 VT_1、VT_4 和 VT_2、VT_3 的控制信号反相，VT_1、VT_3 和 VT_2、VT_4 轮流（以输出频率 f 交替切换）导通，使负载两端得到交流（方波）电压，其周期 $T=1/f$，输出电压波形如图 5.1.7 所示。

图中的四只二极管 VD_1～VD_4 是电路中必备元件。通常情况下逆变器所带负载具有感性，

当 VT_1、VT_3 由导通到关断时，由 VD_1、VD_3 为其感性负载中电感所储存的能量回馈电源提供通路。同理，在 VT_2、VT_4 由导通到关断时，由 VD_2、VD_4 为其感性负载中电感所储存的能量回馈电源提供通路。如果电路中不接入二极管，则在功率开关器件关断瞬间，会因电感的作用使其两端产生极高的电压尖峰，严重时会导致功率开关管的击穿损坏。

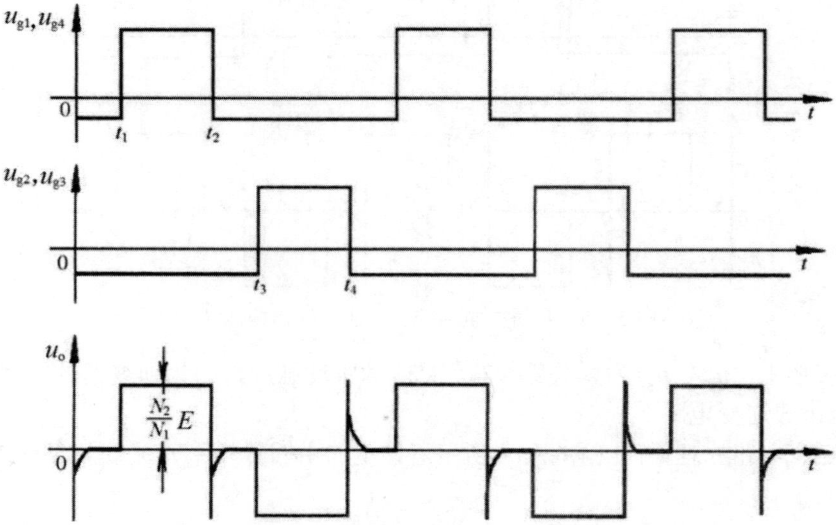

图 5.1.7　全桥式电路控制电压及输出电压波形

4. 三相逆变电路

当光伏发电系统的容量较大时，需要采用三相逆变电路。三相逆变电路可用三个单相逆变器组成，也可采用三个独立桥臂组成。逆变器的触发脉冲彼此相差 120°，以便获得三相平衡输出。在实际应用中，广泛采用的是三相桥式逆变电路。

（1）电压型三相桥式逆变电路

电压型三相桥式逆变电路如图 5.1.8 所示。电路由三个半桥组成，每个半桥对应一相，共需 6 只功率开关器件和 6 只续流二极管，负载 L 和 R 表示三相负载的各相电感和相电阻。

与单相半桥、全桥逆变电路相同，电压型三相桥式逆变电路的基本工作方式也是 180°导电方式，即每个桥臂的导电角度为 180°，同一相（同一半桥）上、下两个桥臂交替导电，各相开始导电的角度依次相差 120°。每次换流都是在同一相上下两个桥臂之间进行，也称为纵向换流。这样，在任一瞬间，由三个臂同时导通，可能是上面的一个臂下面的两个臂同时导通，也可能是上面的两个臂和下面的一个臂同时导通。

在分析三相逆变器电路时，对输出的三相分别用 U 相、V 相、W 相表示。对于 U 相输出来说，当桥臂 VT_1 导通时，$u_{UN'}=U_d/2$，当桥臂 VT_4 导通时，$u_{UN'}=-U_d/2$。因此，$u_{UN'}$的波形是幅值为 $U_d/2$ 的矩形波。V、W 两相的情况和 U 相类似，输出电压波形 $u_{VN'}$、$u_{WN'}$和 $u_{UN'}$相同，只是相位依次相差 120°。$u_{UN'}$、$u_{VN'}$、$u_{WN'}$ 波形如图 5.1.9 所示。

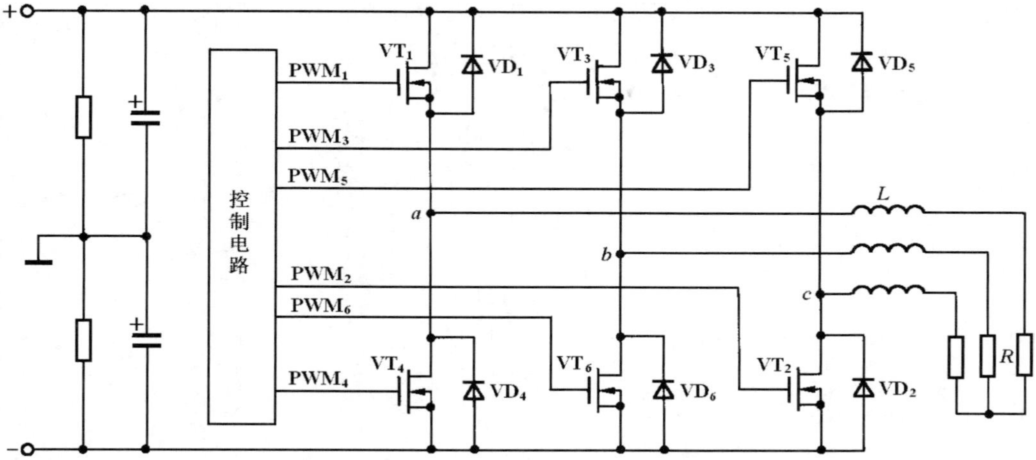

图 5.1.8　电压型三相全桥式逆变电路

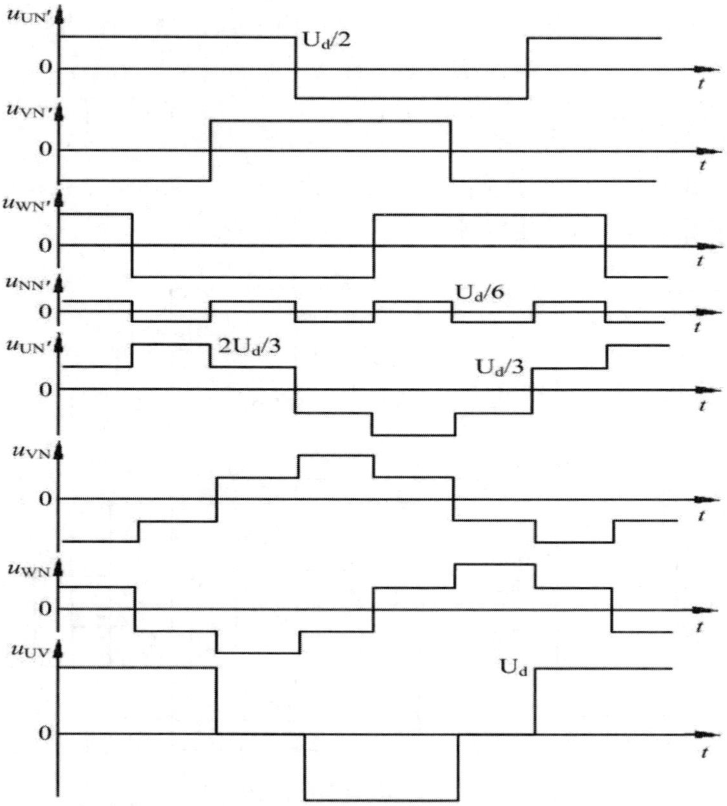

图 5.1.9　电压型三相全桥式逆变电路工作波形

经分析计算，三相电压型桥式逆变电路输出线电压有效值 U_{UV} 为

$$U_{UV}=0.816U_d \tag{5-1}$$

其中线电压基波幅值

$$U_{UV1m}=1.1U_d \tag{5-2}$$

线电压基波有效值

$$U_{UV1}=0.78U_d \tag{5-3}$$

负载相电压有效值 U_{UN} 为

$$U_{UN}=0.471U_d \tag{5-4}$$

其中相电压基波幅值 U_{UN1m}

$$U_{UN1m}=0.637U_d \tag{5-5}$$

相电压基波有效值 U_{UN1}

$$U_{UN1}=0.45U_d \tag{5-6}$$

比较图 5.1.9 中线电压和相电压的波形可知，负载的线电压为准方波，而相电压为更接近正弦的阶梯波。这对于抑制输出电压中的谐波成分和得到正弦输出电压极为有利。

在上述 180º 导电型逆变器中，为防止同一相上下两臂的开关器件同时导通引起直流电源的短路，要求采用“先断后通”的控制方法。即先给应关断的器件关断信号，待器件关断后留一定的时间欲量（死区时间），然后再给应导通的器件开通信号，两者之间留有一个短暂的死区时间。

（2）电流型三相桥式逆变电路

电流型三相桥式逆变电路如图 5.1.10 所示。该电路由 6 只功率开关器件和 6 只阻断二极管以及直流恒流电源、浪涌吸收电容等构成，*R* 为用电负载。

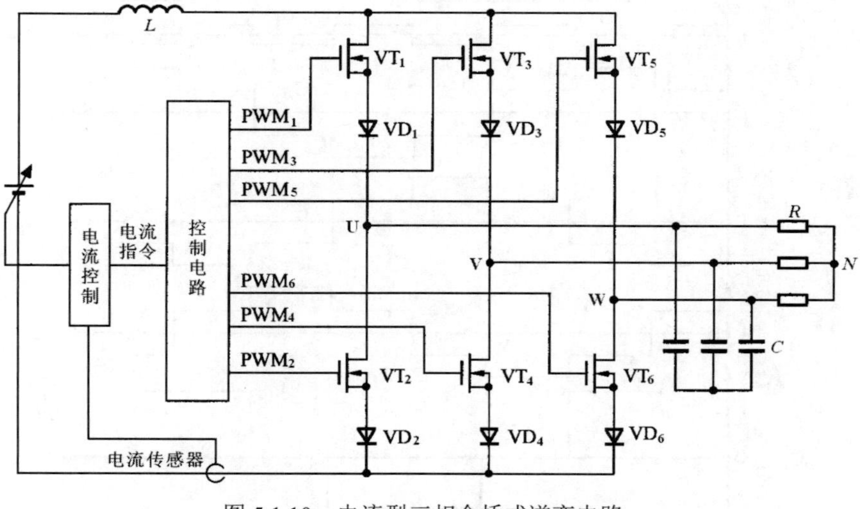

图 5.1.10　电流型三相全桥式逆变电路

电流型逆变器的特点是在直流电输入侧接有较大的滤波电感，当负载功率因数变化时，

交流输出电流的波形不变，即交流输出电流波形与负载无关。在电路结构上与电压型逆变器不同的是，电压型逆变器在每个功率开关元件上并联了一个续流二极管，而电流型逆变器则是在每个功率开关元件上串联了一个反向阻断二极管。为防止连接感性负载时电流急剧变化而产生浪涌电压，在逆变器的输出端并联了浪涌吸收电容 C。

三相电流型逆变器的直流电源即直流电流源是利用可变电压的电源通过电流反馈控制来实现的。但是，仅用电流反馈，不能减少因开关动作形成的逆变器输入电压的波动而使电流随着波动，所以在电源输入端串入了大电感（电抗器）L。

电流型三相桥式逆变器的基本工作方式为120°导通方式，即 VT_1～VT_6 依次间隔 60°导通，每个桥臂导通 120°，使交流侧输出电流波形是高度为 I_d、宽度为 120°的方波，而输出电压波形和相位因负载阻抗的不同而不同，其波形接近正弦波。

电流型三相桥式逆变器任何时候只有两个桥臂导通，不会发生同一桥臂两器件直通现象。换流时，在上桥臂组或下桥臂组内依次换流，为横向换流。电流型三相逆变电路的输出电流波形如图 5.1.11 所示。

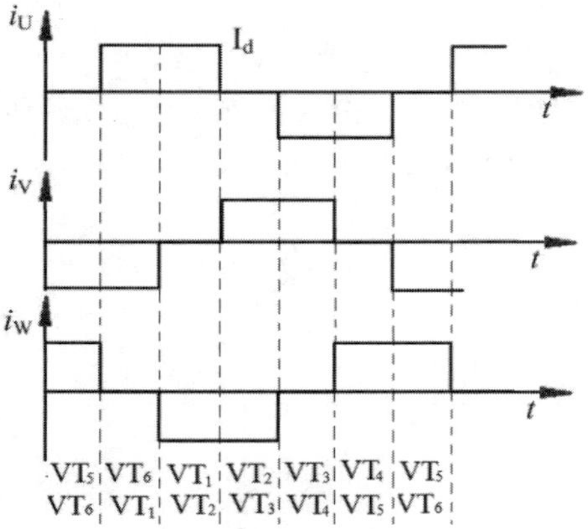

图 5.1.11 电流型三相全桥式逆变电路输出电流波形

【任务实施】

借助 KNT-SPV02 型光伏发电实训系统完成光伏逆变器的安装，利用示波器的 FFT 测量功能测量逆变器的输出波形。截图保存在 U 盘和电脑桌面，文件名：逆变波形。

任务二 逆变器的控制

【任务描述】

在光伏发电系统中，无论是独立发电系统还是并网发电系统，要求逆变器输出电压为正弦波。以输出正弦波为目标，逆变电路的控制方式有多种，如多脉冲 PWM（Pulse Width Modulation）、正弦脉冲 PWM（SPWM）、空间电压矢量 PWM（SVPWM）等，各种 PWM 方式各有其优缺点，并适应不同的应用场合。在光伏发电系统中，SPWM、SVPWM 应用最广，限于篇幅，下面重点介绍 SPWM 控制技术。

【相关知识】

一、逆变控制技术

SPWM（正弦脉宽调制）应用于正弦波逆变器，主要基于采样控制理论中的一个结论：冲量相等而形状不同的窄脉冲加在具有惯性的环节上，效果基本相同。

基于上述思想，利用逆变器的开关器件，由控制线路按一定规律控制开关元件的通断，从而在逆变器的输出端获得一组等幅、等距而不等宽的脉冲序列，其脉宽按正弦分布，以此脉冲即可等效正弦波。

图 5.2.1 是将正弦波的半个周期分成 N 等份，这样可把正弦波看成由 N 个彼此相连的脉冲所组成的波形。这些脉冲的宽度相等，都等于 π/N，但幅值不同，且脉冲的顶部都是曲线，各脉冲的幅值按正弦规律变化。如果将每一等份的正弦曲线与横轴所包围的面积用一个与此面积相等的等高矩形脉冲代替，就得到图 5.2.1 所示的脉冲序列。

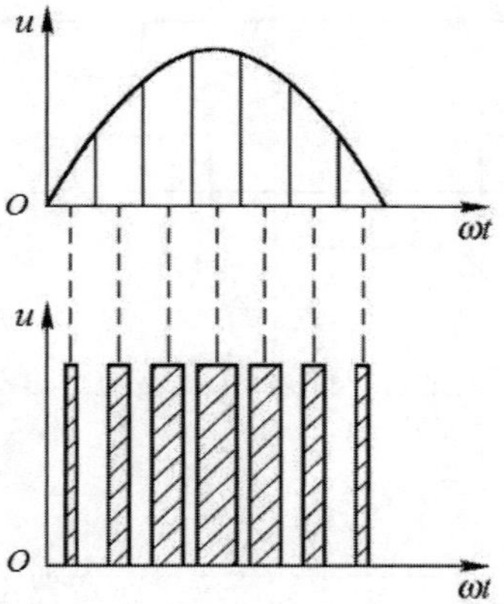

图 5.2.1　用 SPWM 波代替正弦半波

这样，由 N 个等幅而不等宽的矩形脉冲所组成的波形与正弦波的正半周等效，正弦波的负半周也可用相同的方法来等效。

要得到 SPWM 控制信号，较为实用的方法是采用调制的方法，即把希望得到的波形作为调制信号，把接受调制的信号作为载波，通过对载波的调制得到希望的 PWM 波形。

实现 SPWM 比较容易理解的办法是：采用一个正弦信号 u_g（调制信号）与等腰三角波（载波信号）u_c 相交的方案，确定各分段矩形脉冲的宽度。如果在交点时刻控制逆变电路开关器件的通断，就可得到宽度正比于调制信号波幅值的脉冲，符合 SPWM 控制的要求。

在采用 SPWM 方式控制时，控制电路可分为单极性 PWM 电路和双极性 PWM 电路，两种控制方式所对应的控制波形分别见图 5.2.2 和图 5.2.3。

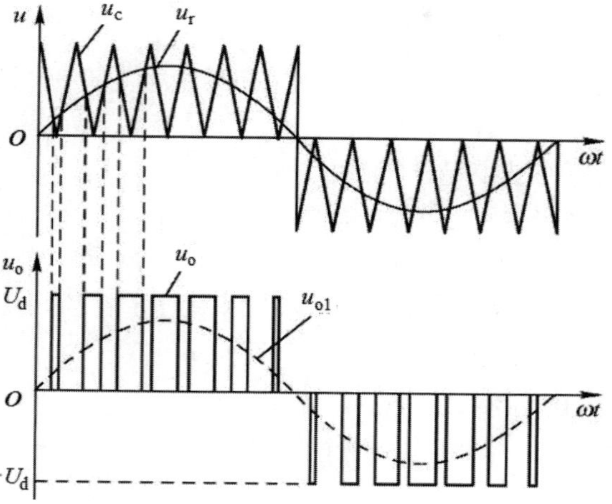

图 5.2.2　单极性 SPWM 示意图

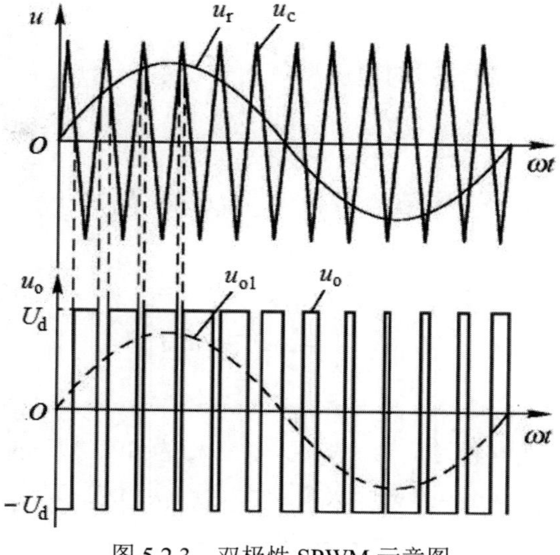

图 5.2.3　双极性 SPWM 示意图

1．单极性调制

如果在正弦调制波的半个周期内，三角载波只在正或负的一种极性范围内变化，所得的 SPWM 波也处于一个极性范围内，叫作单极性控制方式。

单极性调制的特点是在一个开关周期内两只功率管以较高的开关频率互补开关，保证可以得到理想的正弦输出电压；另两只功率管以较低的输出电压基波频率工作，从而在很大程度上减少了开关损耗。但并不是固定其中一个桥臂始终工作在低频，而是每半个周期切换工作，即同一桥臂在前半个周期工作在低频，而后半个周期工作在高频。这样可以使两个桥臂的工作状态均衡，器件使用寿命更均衡，有利于增加可靠性。

2. 双极性调制

如果在正弦调制波的半个周期内，三角载波在正负极性之间连续变化，则 SPWM 波也在正负之间变化，叫作双极性控制方式。

双极性调制的特点是四个功率管都工作在较高的频率（载波频率），虽然能够得到较好的输出电压波形，但其代价是产生了较大的开关损耗。

3. 逆变输出电压与直流输入电压的关系

假设载波信号 u_c 的波形为等腰三角波，载波频率为 f_c，幅值为 U_{cm}；调制信号 u_g 为正弦信号 u_g=U_{gm}（U_{gm} 为正弦波的幅值）。

u_g 和 u_c 信号的幅值之比称为调制比

$$m=\frac{U_{gm}}{U_{cm}} \tag{5-7}$$

载波和调制波的频率比称为载波比

$$K=\frac{f_c}{f}=\frac{T}{T_c} \tag{5-8}$$

通过对双极性 SPWM 控制方式的电压型单相全桥逆变器电路输出电压进行数学分析，可得

$$U_{o1m}=mU_d \quad (m<1) \tag{5-9}$$

上式是 SPWM 的一个基本关系，它表明在 $U_{gm}<U_{cm}$ 的条件下（m<1），逆变器输出的 SPWM 基波幅值随调制比 m 线性增加。

输出电压的基波分量

$$U_{o1}=\frac{U_{o1m}}{\sqrt{2}}=0.707mU_d \tag{5-10}$$

4. 三相 SPWM 控制

对于三相 SPWM 型逆变电路中，U、V 和 W 三相的 SPWM 控制公用一个等腰三角形载波 u_c，三相的调制信号 u_{gU}、u_{gV} 和 u_{gW} 依次相差 120°，其表达式为

$$u_{gU}=U_{gm}\sin\omega t$$
$$u_{gV}=U_{gm}\sin(\omega t-120°)$$
$$u_{gW}=U_{gm}\sin(\omega t+120°)$$

U、V 和 W 各相功率开关器件的控制规律相同，均以正弦规律和互补方式轮流导通，每一相的控制脉冲如图 5.2.4 所示。

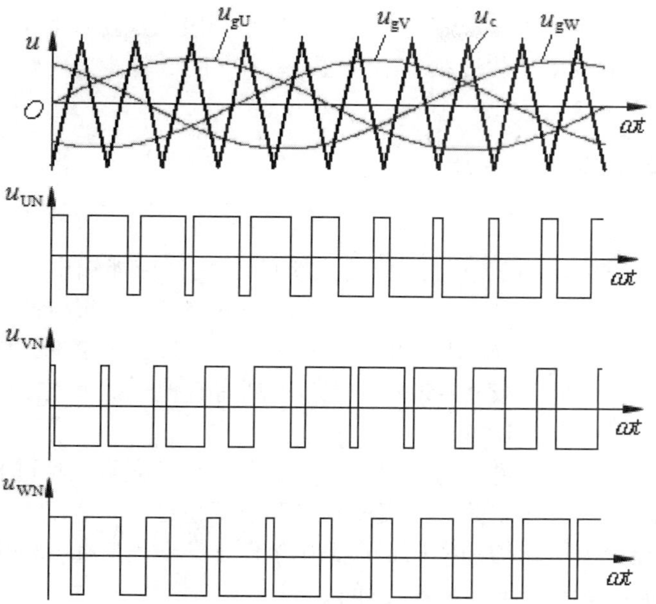

图 5.2.4 三相 SPWM 波形

5. 异步调制和同步调制

根据载波和调制信号波是否同步及载波比的变化情况，PWM 调制方式分为异步调制和同步调制：

异步调制——载波信号和调制信号不同步的调制方式。

通常保持 f_c 固定不变，当调制信号 f 变化时，载波比 K 是变化的。在信号波的半周期内，PWM 波的脉冲个数不固定，相位也不固定，正负半周期的脉冲不对称，半周期内前后 1/4 周期的脉冲也不对称。当 f 较低时，载波比 K 较大，一周期内脉冲数较多，脉冲不对称的不利影响较小，输出波形接近正弦波。

当 f 增高时，K 减小，一周期内的脉冲数减少，PWM 脉冲不对称的影响就变大，输出波形与正弦波差异较大，电路输出特性变坏。因此，在采用异步调制方式时，希望采用较高的载波频率，以使得在信号波频率较高时仍能保持较大的载波比。

同步调制——K 等于常数，并在变频时使载波和调制信号波保持同步。

基本同步调制方式，f 变化时载波比 K 不变，信号波一周期内输出脉冲数固定。在三相 PWM 逆变电路中，通常共用一个三角波载波，且取 K 为 3 的整数倍，使三相输出对称。为使一相的 PWM 波正负半对称，N 应取奇数。当 N=9 时的同步调制三相 PWM 波形如图 5.2.4 所示。

当逆变输出频率 f 很低时，f_c 也很低，由调制带来的低频谐波不易滤除；f 较高时，f_c 也会较高，使开关器件开关频率增加、损耗加大。为了克服上述缺点，可以采用分段同步调制的方法。

分段同步调制：把 f 范围划分成若干个频段，每个频段内保持 K 恒定，不同频段 K 不同。在 f 的高频段采用较低的 K，使载波频率不致过高，在 f 的低频段采用较高的 K，使载波频率不致过低。

二、光伏逆变器的主要技术参数

1. 额定输出电压

光伏逆变器在规定的输入直流电压允许的波动范围内，应能输出额定的电压值，一般在额定输出电压为单相 220V 和三相 380V 时，电压波动偏差有如下规定：

（1）在稳定状态运行时，一般要求电压波动偏差不超过额定值的±5%。

（2）在负载突变（额定负载 0→50%→100%）或有其他干扰因素影响的动态情况下，其输出电压偏差不超过额定值的±10%。

（3）在正常工作条件下，逆变器输出的三相电压不平衡度不应超过 8%。

（4）输出的电压波形（正弦波）失真度一般要求不超过 5%。

（5）逆变器输出交流电压的频率在正常工作条件下其偏差应在 1%以内，GB/T 19064－2003 规定的输出电压频率应在 49～51Hz 之间。

2. 负载功率因数

负载功率因数大小表示逆变器带感性负载的能力，在正弦波条件下负载功率因数为 0～0.9。

3. 额定输出电流和额定输出容量

额定输出电流是指在规定的负载功率因数范围内逆变器的额定输出电流，单位为 A；额定输出容量是指当输出功率因数为 1（即纯电阻性负载）时，逆变器额定输出电压和额定输出电流的乘积，单位是 kV·A 或 kW（注意：非电阻性负载时，逆变器的 kV·A 数不等于 kW 数）。

4. 额定输出效率

额定输出效率是指在规定的工作条件下，输出功率与输入功率之比，通常应在 70%以上；逆变器的效率会随着负载的大小而改变，当负载率低于 20%和高于 80%时，效率要低一些；标准规定逆变器输出功率在大于等于额定功率的 75%时，效率应大于等于 80%。

5. 过载能力

过载能力要求逆变器在特定的输出功率条件下能持续工作一定的时间，其标准规定如下：

（1）输入电压与输出功率为额定值时，逆变器应连续可靠工作 4h 以上。

（2）输入电压与输出功率为额定值的 125%时，逆变器应连续可靠工作 1min 以上。

（3）输入电压与输出功率为额定值的 150%时，逆变器应连续可靠工作 10s 以上。

6. 额定直流输入电压

额定直流输入电压是指光伏发电系统中输入逆变器的直流电压，小功率逆变器输入电压一般为 12V 和 24V，中、大功率逆变器输入电压有 24V、48V、110V、220V 和 500 V 等。

7. 额定直流输入电流

额定直流输入电流是指太阳能光伏发电系统为逆变器提供的额定直流工作电流。

8. 直流电压输入范围

光伏逆变器直流输入电压允许在额定直流输入电压的 90%～120%范围内变化，而不影响输出电压的变化。

【任务实施】

一、逆变器选型

1. 逆变器类型选择

逆变器主要分高频变压器型、低频变压器型和无变压器型三大类。根据所设计系统以及具体要求，主要从安全性和效率两个层面来考虑逆变器类型。表 5-1 是它们之间的对照表。

表 5-1 各类型逆变器对照表

类型＼因素	安全性	转换效率	成本价格	重量、尺寸
高频变压器型	中	低	中	中
低频变压器型	高	中	高	大
无变压器型	低	高	低	小

2. 容量匹配

光伏系统设计中要求电池阵列与所接逆变器的功率容量相匹配，一般的设计思路是：

组件标称功率×组件串联数×组件并联数＝电池阵列功率。

在容量设计中，逆变器的最大输入功率应近似等于电池阵列功率，以实现逆变器资源的最大化利用。

3. MPP 电压范围与电池组电压匹配

根据太阳能电池的输出特性，电池组件存在功率最大输出点，逆变器具有在特定输入电压范围内自动追踪最大功率点的功能，因此电池阵列的输出电压应处于逆变器 MPP 电压范围以内。

电池组件电压×组件串联数＝电池阵列电压

电池阵列的标称电压近似等于并网逆变器 MPP 电压的中间值，这样可以达到 MPPT 的最佳效果。

4. 最大输入电流与电池组电流匹配

电池组阵列的最大输出电流应小于逆变器最大输入电流。为了减少组件到逆变器过程中的直流损耗，以及防止电流过大对逆变器造成过热或电气损坏，逆变器最大输入电流值与电池阵列的电流值的差值应尽量大一些。

电池组件短路电流×组件并联数＝电池阵列最大输出电流

5. 转换效率

逆变器的效率标示一般分最大效率和欧洲效率，通过加权系数修正的欧洲效率更为科学。逆变器在其他条件满足的情况下，转换效率应越高越好。

6. 配套设备

光伏发电系统是完整的体系，逆变器是重要的组成部分，与之配套相关的设备主要是配电柜和监控系统。

光伏监控系统包括硬件和软件，根据自身特点而需要量身定做，一般大型的逆变器厂家都针对自己的逆变器而专门开发了一套监控系统，因此在逆变器选型过程中，应考虑相关的配套设备是否齐全。

7. 品牌与质量

8. 价格与服务

二、光伏逆变器的安装方法

1. 安装前检查

逆变器在包装和运输前已经过详细检查，但在运输途中仍可能出现损坏情况，所以安装前请对产品进行详细检查，若检测到有任何损坏请与运输公司或直接与产品生产厂家联系，并提供损坏处的照片。

2. 安装位置的选择

逆变电源需要安装在平整的地面上或墙壁上，正面应当大于 40cm 的空间，后面应当大于 30cm 的距离，顶部应当大于 60cm 的空间以方便安装维护，保证机器有良好的通风和散热，并保证观测 LED 灯和 LCD 液晶较方便。

为了保证良好的性能和长期的工作寿命，选择安装地点时应注意保证系统免遭下列条件的侵害：阳光直射（避免用于户外）；腐蚀性气体、油雾、溅水、淋雨、潮湿；空气中的尘埃或金属粉末；机械冲击、震动；高湿度；电磁噪声（例如：电焊机、大功率设备）；放射性材料；极端冷和热（所使用的环境温度为：-10℃～+50℃）。

3. 电气连接要求

（1）接线时，务必确保接线正确，防止错误的接线造成机器损坏。

（2）接地端子一定要可靠接地，地线要求接在地线铜排上，否则会有触电危险。

（3）请勿直接触摸端子或电路板，勿短接端子。

（4）光伏阵列正负极不能接反，闭合直流接触器前请用万用表测量。

三、光伏逆变器的调试

1. 一般规定

（1）系统调试在系统施工结束后进行。

（2）系统调试前，应具备设备平面布置图、接线图、安装图、系统图以及其他必要的技术文件。

（3）调试人员职责明确，按照调试要求做好调试前的准备。

（4）调试前应按设计要求查验设备的规格、型号、数量、备品备件等。

（5）设备在通电前要注意供电的电压、极性、相位等。

（6）检查系统的施工质量。

（7）检查系统线路，对于错线、开路、虚焊、短路等应进行处理。

2. 调试方案

（1）遵循产品操作手册上所注明的所有安全注意事项。

（2）完成所有机械安装和电气连接。

（3）检查每个螺栓的紧度。

（4）检查所有设备的开关全都设置在断路位置。

（5）闭合所有系统设备外壳，关闭柜门并移除钥匙。

（6）将所有外部直流开关全都设置在通路位置。

（7）将所有外部交流开关全都设置在通路位置。

（8）将逆变器正门上的直流和交流开关全都设置在通路位置。

（9）当直流端输入功率满足逆变器运行的最低启动功率时，逆变器将自动从启动开始状态调整到启动等待状态。

（10）如果直流端输入功率不满足逆变器运行的最低启动功率时，逆变器将自动关闭，恢复到启动开始状态。

（11）启动等待状态大约持续 4 分钟。

（12）启动等待完毕后，逆变器进行约 5 秒钟的自检。

四、逆变器运行操作

1. 运行注意事项

（1）运行前确保机箱内部干净，整洁，无螺钉、螺母、垫片、工具杂物遗落在机箱内部或其他危及设备正常运行的地方。

（2）确定接线准确牢固，无短接等不良状况。

（3）操作时必须遵守静电防护规范。

2. 操作步骤

（1）检查光伏输入正负极性，交流侧三相四线制电网连接，确保接线正确无误，否则可能导致设备永久损坏。

（2）确认紧急停机按钮打开（右旋转打开），然后闭合直流侧断路器，再闭合交流侧断路器，设备进入自检状态，此时脱网灯亮；待并网运行条件满足后，逆变电源自动切入电网，以最大功率方式向电网输送电能，此时并网灯亮，脱网灯灭。

（3）如果需要停止运行逆变电源，先断开直流侧断路器，然后直接拍打紧急停机按钮，等待大约 10 分种后方可打开设备进行相关操作。

（4）不要触摸与电网回路相关的端子和导体，避免电击。

五、保养与维护

为了防止逆变器出现故障，确保长时间、高性能地运行，应进行定期检查，为了防止电击，在检查前必须断开所有输入的断路器，应确保所有电容、电感完全放电后进行。

1. 设备目检

定期清洁系统，特别是进风口和排风口，确保气流在机箱内的自由流通，必要时可用吸尘器进行清理，此项操作一般可以间隔 3 个月，如果现场环境恶劣，可以缩短检修时间；检查有没有其他物体妨碍设备前、后、顶三面的通风口；检查输入、输出电缆是否安装紧密牢固，没有松动现象。

2. 风扇检查

风扇在连续运转下的预期工作时间为 20000～40000 小时，使用环境温度越高，使用寿命越短。设备在连续运行时，应该定期检查所有风扇是否正常运转。设备在刚打开时，后面板百叶窗有风吸入，机箱顶部有风排出。

3. 符号说明

各符号说明如表 5-2 所示。

表 5-2　符号说明

符号	说明
	表示在产品使用中，若没有遵守安全措施，将会造成机器无法正常运行，特别重大情况下，则可能会造成重大人身伤亡或财产损失
	表示可能引起轻微或中等程度损坏的事项
	此符号标识表示使系统良好工作所需的重要注意事项

【项目总结】

光伏发电逆变系统是一个复杂的系统工程，逆变器的性能直接影响发电的质量以及效率，因此逆变器的选型尤其重要，对于从事光伏发电系统安装与调试的技术人员来讲，完全可以通过其逆变知识和技能的掌握程度来衡量其技能的高低，当然，逆变系统性能不一、工程复杂，真正地掌握逆变系统，需要知识与工程经验的积累，这是一个漫长的过程，需要不断实践。

【项目训练】

1．光伏逆变器的主要功能是什么？

2．逆变器的基本电路主要由哪几部分组成？

3．简述 SPWM 的工作原理？

4．光伏逆变器的主要技术参数有哪些？

5．选择光伏逆变器时，应考虑哪些基本因素？

6

光伏发电监控系统的安装与调试

【项目导读】

光伏发电监控部分在整个光伏系统中起到了不可替代的作用，包括系统的运行状态，参数设置等都离不开监控系统。目前，市场上常用的组态监控软件主要包括昆仑通泰、组态王以及北京三维力控等，应该说，每种组态软件各具特色，本项目主要介绍北京三维力控软件的使用。

任务一　力控组态软件的安装

【任务描述】

从 1993 年至今，力控监控组态软件为国家经济建设做出了不少贡献，在石油、石化、化工、国防、铁路（含城铁或地铁）、冶金、煤矿、配电、发电、制药、热网、电信、能源管理、水利、公路交通（含隧道）、机电制造等行业均有力控软件的成功应用，力控监控组态软件已经成为民族工业软件的一颗璀璨明珠。一直以来，北京三维力控始终有预见性地开发具有潜在应用价值的功能模块，同时认真评估用户反馈建议来改进力控产品，使用户得到超值回报，与客户的互动合作将促进北京三维力控的发展。力控监控组态软件的分布式结构保证系统发挥最大的效率。

力控软件以计算机为基本工具，为实施数据采集、过程监控、生产控制提供了基础平台，它可以和检测、控制设备构成任意复杂的监控系统。在过程监控中发挥核心作用。

【相关知识】

一、力控组件

力控监控组态软件是在自动控制系统监控层一级的软件平台，它能同时和国内外各种工业控制厂家的设备进行网络通讯，它可以与高可靠性的工控计算机和网络系统结合，达到集中管理和监控的目的，同时还可以方便的向控制层和管理层提供软、硬件的全部接口，来实现与“第三方”的软、硬件系统来进行集成。

主要的组件说明见下：

1. 工程管理器（Project Manager）

工程管理器用于创建工程、工程管理等。可创建、删除、备份、恢复、选择当前工程等。

2. 开发系统（Draw）

开发系统是一个集成环境，可以创建工程画面，配置各种系统参数，启动力控其他程序组件等。

3. 界面运行系统（View）

界面运行系统用来运行由开发系统（Draw）创建的画面，脚本、动画连接等工程，操作人员通过它来完成监控。

4. 实时数据库（DB）

实时数据库是力控软件系统的数据处理核心，构建分布式应用系统的基础。它负责实时数据处理、历史数据存储、统计数据处理、报警处理、数据服务请求处理等。

5. I/O 驱动程序（I/O Server）

I/O 驱动程序负责力控软件系统与控制设备的通信。它将 I/O 设备寄存器中的数据读出后，传送到力控数据库，然后在界面运行系统的画面上动态显示。

6. 网络通信程序（NetClient/NetServer）

网络通信程序采用 TCP/IP 通信协议，可利用 Intranet/Internet 实现不同网络结点上力控软件系统之间的数据通信。

7. 通信程序（PortServer）

通信程序支持串口、电台、拨号、移动网络通信。通过力控通信程序在两台计算机之间，使用 RS232C 接口，可实现一对一（1：1 方式）的通信；如果使用 RS485 总线，还可实现一对多台计算机（1：N 方式）的通信，同时也可以通过电台、Modem、移动网络的方式进行通信。

8. Web 服务器程序（Web Server）

Web 服务器程序可使处在世界各地的远程用户实现在台式机或便携机上用标准浏览器实时监控现场的生产过程。

9. 控制策略生成器（Strategy Builder）

控制策略生成器是面向控制的新一代软件逻辑自动化控制软件，采用符合 IEC1131-3 标准的图形化编程方式，提供包括变量、数学运算、逻辑功能、程序控制、常规功能、控制回路、数字处理等在内的十几类基本运算块，内置常规 PID、比值控制、开关控制、斜坡控制等丰富的控制算法。同时提供开放的算法接口，可以嵌入用户自己的控制程序。控制策略生成器与力控的其他程序组件可以无缝连接。

二、力控监控的开发、运行

1. 概述

（1）力控支持 Windows 98/NT/2000/XP 等操作系统。

（2）采用面向对象的设计，集成化的开发环境。

（3）开发系统采用更多的组件和控件来方便您构成强大的系统；丰富的函数和设备驱动程序使您集成更容易。

（4）增强的过渡色与渐进色功能，从根本上解决了很多同类软件在过多使用过渡色、渐进色时，严重影响画面刷新速度和系统运行效率的问题。

（5）优化设计的工具箱和调色板，在颜色选择时更直观、方便；开发更灵活，更多的矢量子图，制作工程画面更快捷。

（6）提供面向对象编程方式，内置间接变量、中间变量、数据库变量，支持自定义函数，支持大画面和自定义菜单，方便您构造强大的企业级运行系统。

（7）脚本类型和触发方式多样，支持数组运算和循环。

（8）支持一机多屏，组建多画面时不需要多屏卡。

2. 内部组件及控件

（1）视频组件：进行视频的捕捉和回放。

（2）温控曲线组件：可以进行温度的自动升温和保温控制。

（3）浏览器组件：可以作为标准的浏览器客户端。

（4）标准 Windows 组件：支持标准的文本框、单选框、列表框等组件。

（5）增强的报警组件：集成的报警管理和查询。

（6）X-Y 曲线组件：可以自由的进行曲线分析和查询。

（7）幻灯片组件：灵活的幻灯片播放，可进行自由控制。

（8）自由曲线组件：方便地绘制各种曲线和动画连接。

（9）万能报表组件：类 Excel 的报表工具，方便您完成管理报表。

（10）立体棒图组件：直方图的分析工具。

（11）历史追忆组件：可以追忆带毫秒标签的数据，方便事故查询。

（12）手机短信组件：简单的手机短信发送组件。

3. 报表组件

（1）历史报表：方便快速的历史报表生成工具，能进行日报、月报、季报、年报的生成，对数据存储的时间范围、间隔、起始时间可进行任意指定，并可以根据存储的时间进行查询历史数据，组态时在力控的绘画菜单内进行历史报表的选取。

（2）内嵌多功能万能报表：灵活的报表生成方式，可以任意设置报表格式，实现各种运算、数据转换、统计分析、报表打印等。既可以制作实时报表，也可以制作历史报表。可以在报表上同时显示实时数据和任意时刻的历史数据，并加以统计处理，例如取行平均、列平均，统计出最大最小值。内嵌多功能报表提供了相应的报表函数，可以制作各种报表模板，实现多次使用，以免重复工作，组态时在力控的子图内。

（3）内置数据表：内置数据表是力控开发人员总结关系数据库的特点开发出的内置实时关系数据表，利用报表模板可以将力控实时数据库的变量和报表字段进行任意绑定，可以对任意的数据进行插入、删除、遍历、存盘，内置的报表过滤器可以任意设定不同情况下的查询条件，根据查询条件对查出的记录进行选取来参与数据处理。

4. 图库

集成化的开发环境、增强的图形功能、丰富的图形元素及超级子图精灵图库集，提供子图精灵开发工具，用户可以方便地生成自己的图库；力控优化设计的图库，提供了丰富的子图和“子图精灵”，任意拖拽不变形，使您的工程画面精益求精。

5. 动作脚本

动作脚本类型和触发方式多样，具备自定义函数功能，支持数组运算和循环控制。内置多种打印函数，可根据画面的大小任意设置打印范围。

6. 自定义运行菜单

力控支持用户自定义菜单，其中包括窗口弹出式菜单和定义在各个图形对象上的右键菜单。配合脚本程序与自定义菜单，可以实现更为灵活与复杂的人机交互过程。

7. 系统安全性

力控提供了完备的安全保护机制，以保证生产过程的安全可靠。力控的用户管理将用户分为操作工、班长、工程师、系统管理员等多个级别，并可根据级别限制对重要工艺参数的修改，以有效避免生产过程中的误操作。

8. 报警和事件记录

力控在运行时自动记录系统状态变化、操作过程等重要事件。一旦发生事故，可就此作为分析事故原因的依据，为实现事故追忆提供基础资料。

9. 多国语言的支持

力控同时具有英文版、繁体、简体中文版，在苏丹、埃及、马来西亚、孟加拉国、缅甸都有力控软件的应用实例。力控将加速国际化进程，适应不同地区、国家的要求。

三、实时数据库（DB）

1. 概述

实时数据库（RTDB）是力控监控软件的数据服务器，RTDB 作为单独的进程是整个监控系统的核心，不但负责处理 I/O 服务器采集的实时数据，同时也作为网络数据服务的核心，充当历史数据服务器、报警数据服务器、时钟服务器等，供网络其他的 HMI、数据库等客户端来访问。实时数据库与监控界面是分离的结构，适合大批量现场数据的海量采集、高速历史数据存储、查询，同时保证了监控系统的最大的稳定性。实时数据库支持多层次网络冗余，支持报警、历史数据和网络时钟的同步，在双机冗余基础上，其他网络节点自动跟踪冗余服务器主、从机的切换。各个力控网络节点不仅可以监视，还能够进行控制和互操作。实时数据库可以作为标准的 OPC、DDE Server 供远程客户访问。

网络上的各个力控主站之间可以通过串口、以太网、拨号、电台、GPRS、CDMA 等方式互连来完成监控，主站之间的历史数据支持远程的备份和插入。实时数据库的历史数据可以根据触发条件导出到关系数据库内，支持 ODBC、OLE DB 等方式和关系数据库进行通信。

2. 基本功能

①数据采用“点”结构进行管理，点是很多监控参数的“集合”，方便组态引用。

②对现场数据进行输入处理，包括量程转换、非线性数据处理、开方、累计等。

③对现场发生的报警进行检查和处理，具备死区、偏差等多种报警检查方式。

④完成对实时数据进行历史数据存储，建立检索索引等功能。

⑤可以完成常规运算，如算术运算，流量累积，温压补偿，自定义算法等。

⑥具备 PID 调节控制功能，有位置式、增量式、微分先行等多种算法。

⑦内部点可以互相引用，完成内部/外部数据连接。

⑧数据采用数据变化传输、可以执行触发事件。

⑨对批量数据进行区域管理。

⑩可以采集程序监控，方便调试通讯。

3. 数据库扩展组件

①关系数据库双向转储组件：完成现场数据到管理系统如 SQL Server 等关系数据库的数据传输。

②GSM 短信管理组件：通过数据库能够针对不同级别的用户发送不同的报警短信等。

③数据服务组件：支持通过串口、网络、Modem、电台、GPRS 等方式将现场数据转发到上一级网络。

④Net Server 组件：专用的网络数据服务器组件，构成分布式应用的核心。

⑤DBcom 控件：标准的 ActiveX 控件，允许第三方开发工具通过网络来访问数据。

⑥“软”PLC 组件：构筑 PC 控制的灵魂，是控制工程师的好工具。

⑦OPC/DDE Server：标准的数据服务器。

4. 设备通讯程序（IO Server）

①可以和人机操作界面分离，充当通信管理服务器。

②串口通信支持 RS232、RS422、RS485 与多串口设备，支持无线电台、电话轮询拨号等方式。

③以太网设备驱动同时支持有线以太网和无线以太网。

④所有设备驱动均支持 GPRS、CDMA、GSM 网络。

⑤可以动态打开、关闭设备，并具备自动恢复功能。

⑥可以采集带时间戳的数据，实现历史数据向实时数据库的回插功能，可以采集记录仪、录波器数据，完成事件监视。

⑦通过 DDE、OPC 方式进行采集。

⑧毫秒级的数据采集速率，可以采集故障录波数据。

⑨支持 DCS、PLC、现场总线、仪表、板卡、模块等工控设备的通讯。

⑩已经支持上千个厂家的设备通讯。

5. WWW 服务器特点

①Web 页面与过程画面的高度同步

用户往往会担心在客户端浏览器上看到的 Web 页面与工程组态的过程画面能否完全一致，会不会对某些图形或动画效果进行限制。力控实现了服务器端与客户端画面的高度同步。用力控的 HMI/SCADA 组态软件创建过程画面，用 HMI/SCADA 组态软件直接浏览的效果与在客户端浏览器上看到的图形效果完全相同。

②快速的数据更新

pWebView 采用 COM/DCOM 技术实现底层数据通信。数据采用变化传输的方式，提高了数据传输效率，与其他采用 Java 虚拟机进行通信的方式相比，由于减少了解释运行的环节，因而具有更快的运行与数据更新速度。

③多文档和动态画面

力控采用独到的多文档技术，在客户端浏览器上可以同时浏览多个过程画面。

④企业级 Web 服务器

力控是一个企业级的 Web 服务器，具备高容量的数据吞吐能力和良好的健壮性。力控的 Web 介于现场监控层和 Internet/Intranet 之间，通过 Web 服务器管理所有的访问请求，因此不会由于多个用户请求访问而影响整个 SCADA 系统的功能，保证系统的可靠平稳运行。支持多达 500 个客户端的同时访问。

⑤完全瘦客户端

在客户端只需要 Microsoft Internet Explorer 5.0 或以上版本的浏览器，就可以对现场的各种事务进行浏览、控制。无需购买其他软件或增加软件成本。

⑥完善的安全机制

pWebView 提供完善的安全管理机制。只有授权的用户才能修改过程参数。使用 pWebView 时，管理员尽可安心，不必担心非法或未授权的修改。

⑦开放性

易于集成、开放的 Web 控件可以使用 ASP 等快速门户开发工具进行集成，pWebView 使用简便，只需在服务器上进行前期的组态和后期的维护，在客户端无需任何工作。大大地减少了系统开发和维护的工作量。pWebView 易于扩展，可以有效地控制系统预算开支。

四、组态软件的安装

1. 硬件要求

①CPU：奔腾 500 以上。

②内存：最少 64M。

③显示器：VGA、SVGA 以及支持桌面操作系统的图形适配器，显示 256 色以上。

④鼠标：PC 兼容鼠标。

⑤通讯：RS232。

⑥并行口：力控的加密锁。

说明：目前市面上流行的机型完全满足力控的运行要求。

2. 软件要求

运行的操作系统为 Windows 2000/Windows NT4.0（补丁 6）/Windows XP

3. 硬件加密锁

力控组态软件在长时间运行时，需要一个硬件加密锁，加密锁包括：并口硬件加密锁和 USB 口硬件加密锁。力控支持 Windows 操作系统上的并口硬件加密锁的安装，安装并口硬件加密锁步骤：在安装加密锁前应关闭计算机电源和外围设备，拔掉计算机并口上的所有联接。加密锁安全地插入并口并拧紧螺丝。如果有其他设备与并口连接，请将其接到加密锁的背后。

力控支持 Windows 操作系统下 USB 口硬件加密锁（注：Windows 98 需要首先安装 USB 口的驱动）。

说明：当没有加密锁时，力控组态软件也可以开发和运行，但有如下限制：

①数据库支持 32 点。

②内置编程语言。

③运行系统在线运行时间是 2 小时。

④支持选择的通讯驱动程序。

4. 安装力控组态软件

力控组态软件存于一张光盘中，光盘中的安装程序 setup.exe 程序会自动运行，启动力控的安装向导。

力控组态软件的安装步骤如下（注：以下的安装过程是在 Windows 2000 下进行的，其他 Windows 98/NT/XP 的安装过程与此相同）。

①启动计算机

②将力控组态软件的光盘放到计算机的光驱中，系统会自动启动 setup.exe 安装程序，如图 6.1.1 所示（注：也可运行光盘中的 setup.exe 启动安装程序）。

在此安装界面中，左面有一排按钮，分别是：通用版、控制策略版、网络版、IO 驱动程序、加密锁驱动安装、实战技术宝典、退出安装。各个按钮的作用分别是：

（1）通用版：安装力控通用版的程序。

（2）控制策略版：安装力控控制策略版的程序（注：首先要安装通用版）。

（3）网络版：安装力控网络版的程序（注：首先要安装通用版）。

（4）IO 驱动程序：安装力控 IO 驱动程序（注：首先要安装通用版）。

（5）加密锁驱动安装：USB 口加密锁的驱动。

图 6.1.1　软件安装界面

（6）实战技术宝典：阅读力控安装盘中提供的有价值的技术资料。

（7）退出安装：退出力控的安装程序。

5. 开始安装力控组态软件

（1）点击“通用版”按钮，将自动安装力控组态软件的通用版到计算机的硬盘，首先弹出对话框，如图 6.1.2 所示。

图 6.1.2　软件安装对话框

点击“下一步”按钮，弹出“许可证协议”对话框，如图 6.1.3 所示。

用户阅读后，如果同意“协议”中的条款，点击“是”将继续安装，如果不同意，则点击“否”将退出安装。点击“上一步”按钮，返回上一个对话框。

点击“是”按钮，弹出“用户信息”对话框，如图 6.1.4 所示，请输入“用户名”和“公司名称”，点击“上一步”返回上一个对话框，点击“取消”则退出安装程序，点击“下一步”，进入程序安装阶段，如图 6.1.5 所示。选择力控软件的安装路径，默认路径为“C:\Program Files\PCAuto”，若想要安装到其他目录下，点击“浏览”按钮，弹出如图 6.1.6 所示的对话框。在对话框的“路径”中输入新的安装目录，如：C:\Program Files\PCAuto，输入正确后，点击“确定”后，如图 6.1.6 所示，点击“下一步”，弹出“安装类型”对话框，如图 6.1.7 所示。

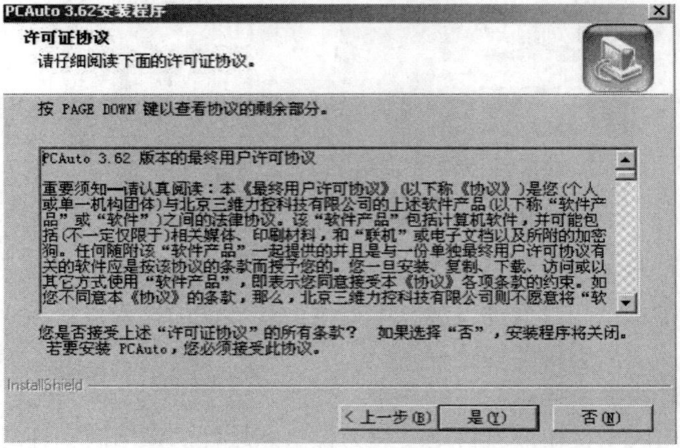

图 6.1.3 “许可证协议”对话框

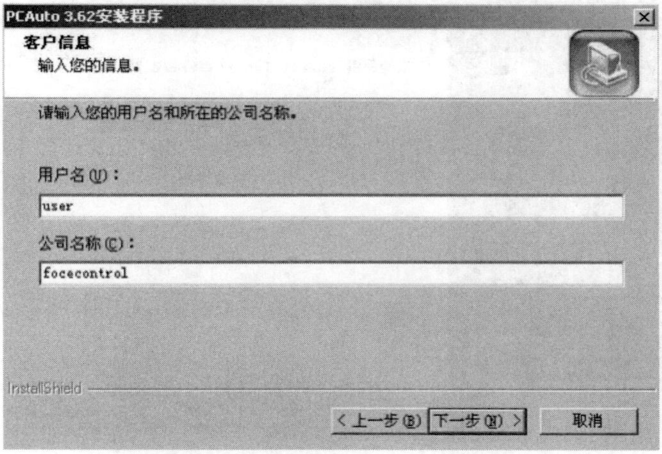

图 6.1.4 “客户信息”对话框

（2）安装类型有三种：典型、压缩、自定义。

典型安装的内容有以下几种：

①力控的系统文件：包括力控的组态环境和运行环境。

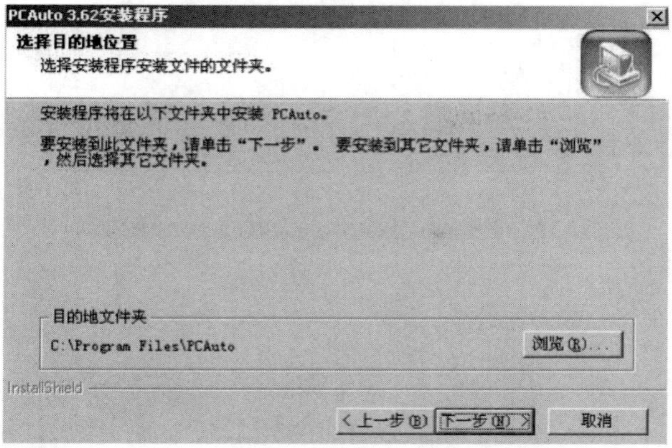

图 6.1.5　“选择目的地位置”对话框

图 6.1.6　“选择文件夹”对话框

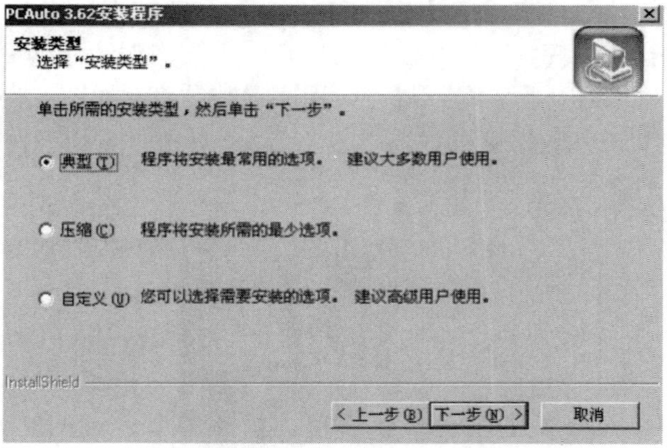

图 6.1.7　“安装类型”对话框

②力控的示例工程：Demo1：演示工程分辨率 1024×768。

③Demo2：演示工程分辨率 800×600。

④DemoApp\Example：演示工程分辨率 800×600。

⑤通用驱动：DDE 通讯驱动、OPC 通讯驱动、力控仿真仪表驱动、力控仿真 PLC 驱动。

⑥力控帮助文档。

⑦力控实时数据库与关系数据库之间数据读取的组件 ODBC Router。

⑧力控组态软件的卸载组件。

压缩：这种安装类型安装力控组态和运行所需的最少组件选项。

自定义安装用户自已要求安装的组件，安装的内容主要体现在：

选择好安装类型后，点击“下一步”，弹出“创建程序组”，如图 6.1.8 所示。

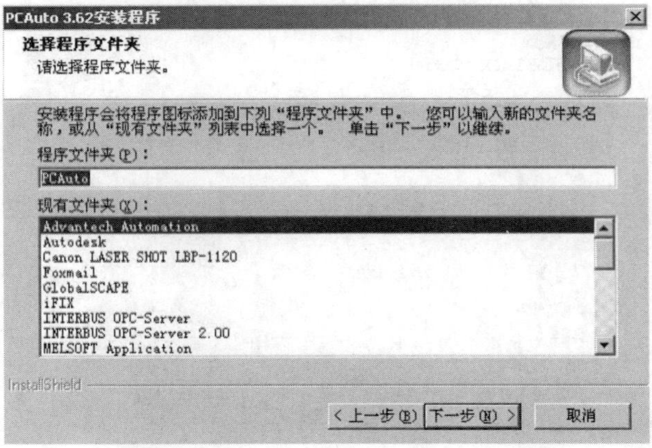

图 6.1.8 “选择程序文件夹”对话框

此对话框确认力控“PCAuto”系统的程序组名，也可选择其他名称。点击“下一步”开始安装力控。安装过程将光盘有的压缩文件解压缩后并拷到默认或指定的目录下，解压的过程有进度条显示，提示进度。程序安装结束，如图 6.1.9 所示，选择“是”，再点击“完成”按钮，将重新启动计算机。选择“不”，再点击“完成”按钮，将不重新启动计算机。点击“完成”按钮，完成此安装。

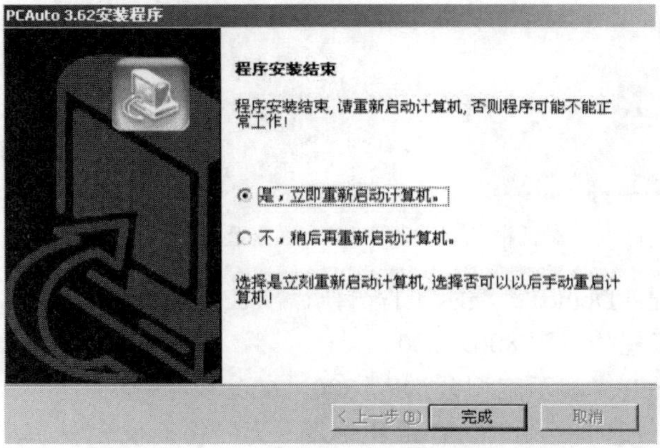

图 6.1.9 “程序安装结束”对话框

（3）点击“控制策略”按钮，将开始安装力控的控制策略版，安装过程与“通用版”相同（注：“控制策略版”的安装要在“通用版”安装完的基础上进行）。

（4）点击“网络版”按钮，将开始安装力控的网络版，安装过程与“通用版”相同（注：“网络版”的安装要在“通用版”安装完的基础上进行）。

（5）点击“IO 驱动程序”按钮，将开始安装力控的 IO 驱动程序程序，安装过程与“通用版”相同（注：“IO 驱动程序”的安装要在“通用版”安装完的基础上进行）。

（6）加密锁驱动安装：当使用 USB 口加密锁时，安装此驱动。

【任务实施】

按照典型安装以及自定义安装两种形式在计算机上完成力控组态软件的安装，并测试是否可以正常使用，总结安装步骤以及注意事项。

任务二　光伏发电监控系统开发

【任务描述】

本任务将通过光伏发电系统开发实际例子，介绍用力控组态工程开发的基本步骤以及注意事项，并借助 KNT-SPV02 型光伏发电实训系统按照要求完成任务实施。

【相关知识】

一、工程建立

1. 新建新工程

点击“新建”，创建新工程，如图 6.2.1 所示。

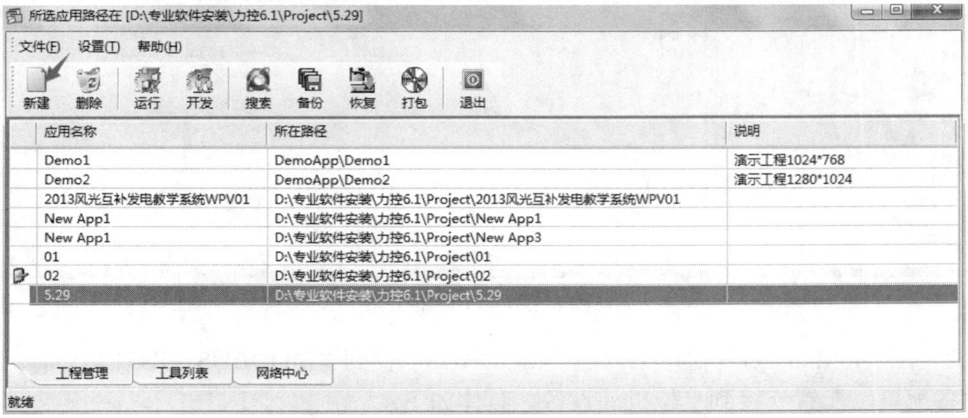

图 6.2.1　创建新工程

2. 开发工程

点击“开发”，开发工程，如图 6.2.2 所示。

3. 智能仪表 IO 设备设置

（1）双击工程项目栏中的“IO 设备组态”，弹出“IoManager”窗口，如图 6.2.3 所示。

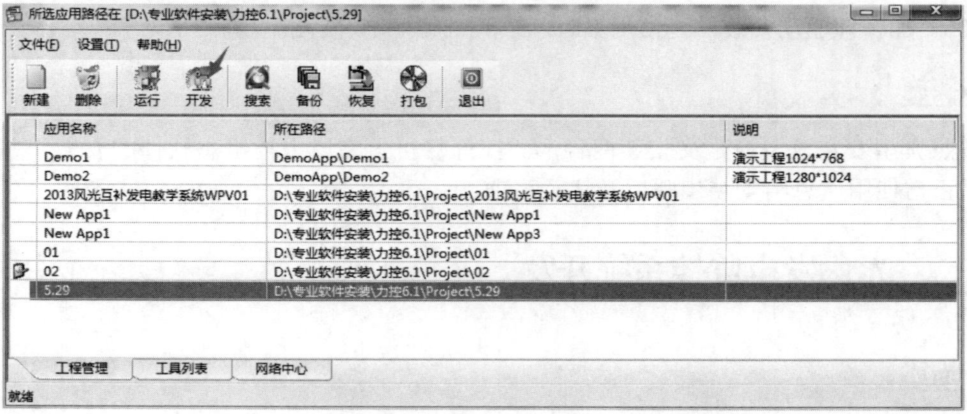

图 6.2.2　开发工程

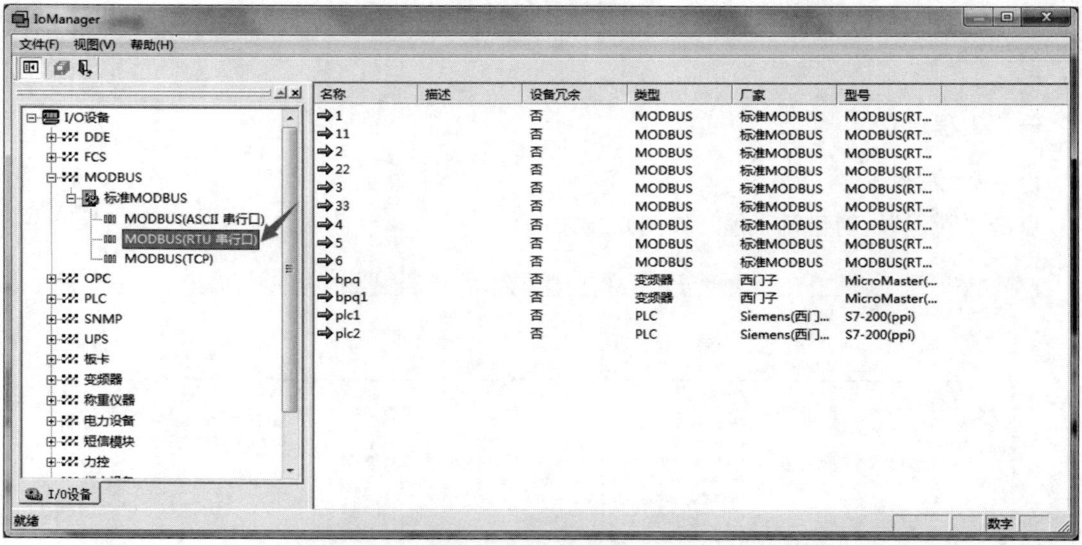

图 6.2.3　IO 设备组态

（2）在“IoManager”窗口中双击“MODBUS”找到“MODBUS（RTU 串行口）”，双击进入设备配置，配置连接到上位机的设备。具体如下：

①配置“设备名称”和“设备地址”（设备名称自己定义，不可用中文），设备地址与设备上的地址一致。智能数显仪表默认地址可为 1。设备地址也可更改，更改后上位机设备地址与硬件设备地址一致即可，如图 6.2.4 所示。

②点击“下一步”进入设备连接到上位机的串口设置。串口选中所设置设备连到上位机对应的 com 口，智能数显仪表出厂默认接到上位机通信口。一般为出厂默认，不同设备略有不同。

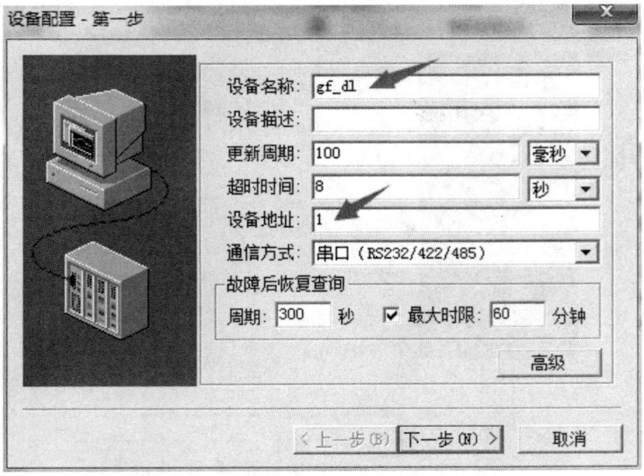

图 6.2.4　IO 组态设置

③点击设置进入设置串口通信参数，主要设置两个参数：分别是波特率为 9600，奇偶校验方式为无校验。左下角的“连续采集失败”的勾选一定要去掉，这关系到能不能采集到数据，如图 6.2.5 所示。

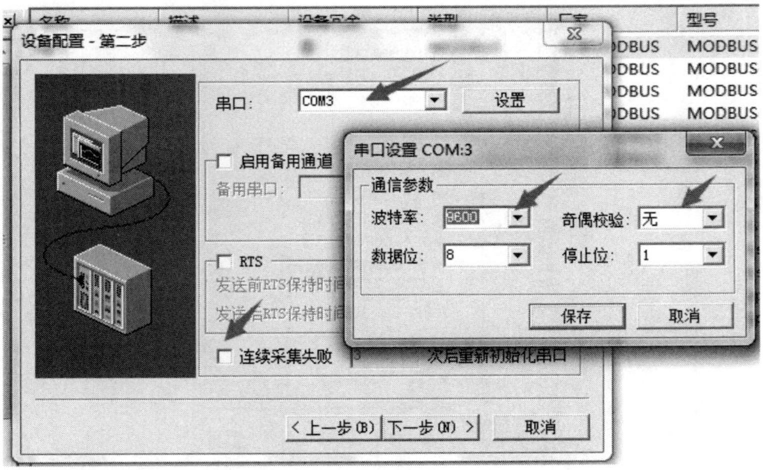

图 6.2.5　通信参数设置

④设置通讯时设备的读取。通信设备的读取设置方式如图 6.2.6 所示。

以上设置后点击“完成”，结束设备的配置。

4. 可编程控制器（PLC）IO 设置

①在“IoManager”窗口中双击“MODBUS”找到“PLC”，双击进入找到“SIEMENS（西门子）”中的 S7-200（PPI）进行设备的配置，如图 6.2.7 所示。

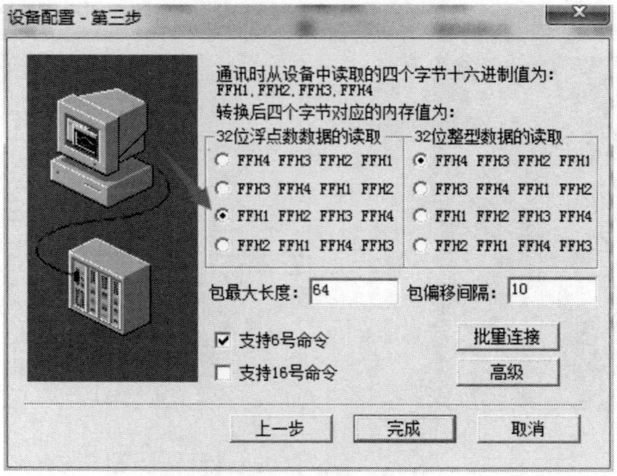

图 6.2.6　通信设备读取方式设置

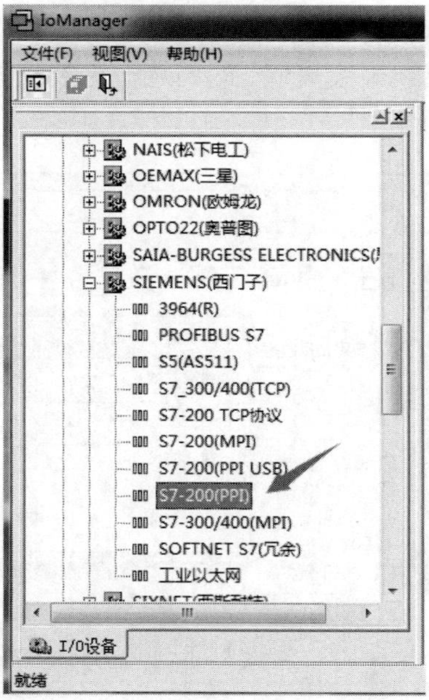

图 6.2.7　通信设备读取方式设置

②配置“设备名称”和“设备地址”(设备名称自己定义，不可用中文)，设备地址与设备上的地址一致。这里可默认为 2，如图 6.2.6 所示。

③设置参数方式与仪表设置方式一样，不同的是通讯串口和串口通讯参数设置，智能数显仪表出厂默认接到上位机通信口。一般为出厂默认，不同设备略有不同。通讯参数：波特率为 9600，校验方式为偶校验，如图 6.2.9 所示。

④单击“下一步”完成。

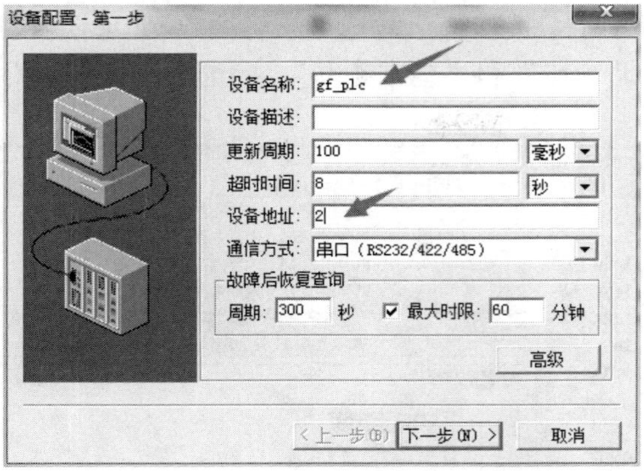

图 6.2.8　通信设备地址设置

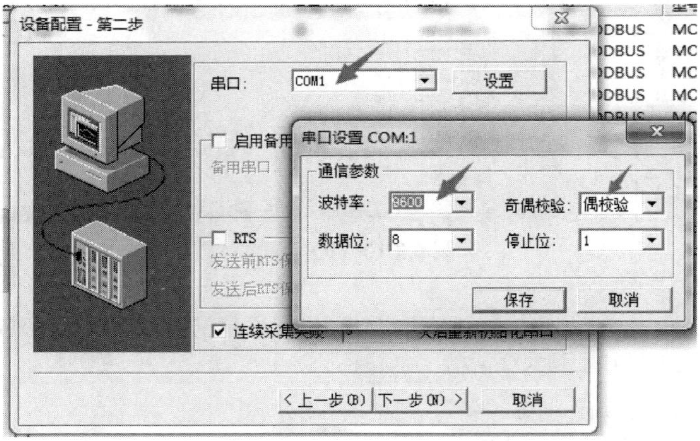

图 6.2.9　通信参数设置

新建要连接到上位机的设备，这里仅以智能仪表以及西门子 PLC 为例，说明 IO 设备设置方式，变频器、控制器等设备的设置方式大同小异，注意通信方式、通信协议以及设备地址即可。

二、新建数据库组态

（1）在“工程项目”栏中找到“变量”→“数据库组态”进入数据库编辑。

（2）仪表数据组态设置。

打开数据库组态，在点名中双击空白点，选“模拟 I/O 点”，如图 6.2.9 所示。点击“继续”进入点的基本参数设置。

（3）把点关联到设备。

I/O 点设备选择你做的这个数据点所连接的设备，设置方式如图 6.2.11 以及图 6.2.12 所示。

参数要选 PV，否则运行不了，读取信息时选“只可读”，如果还要对设备写入数据的话，如：逆变 DSP 控制单元的“调制比”和“基本频率”，则选“可读可写”。

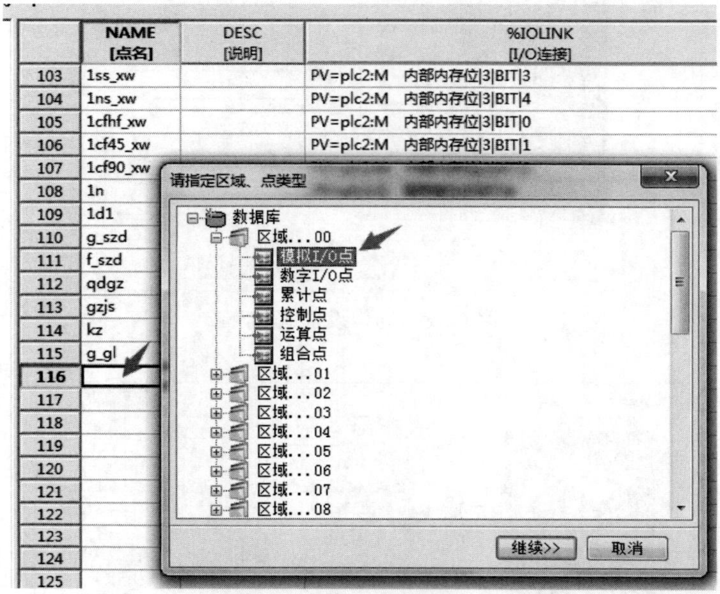

图 6.2.10 IO 点设置

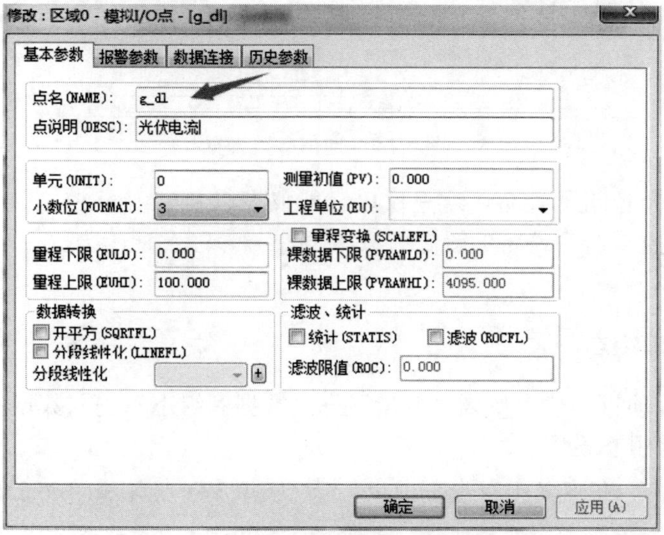

图 6.2.11 关联设置

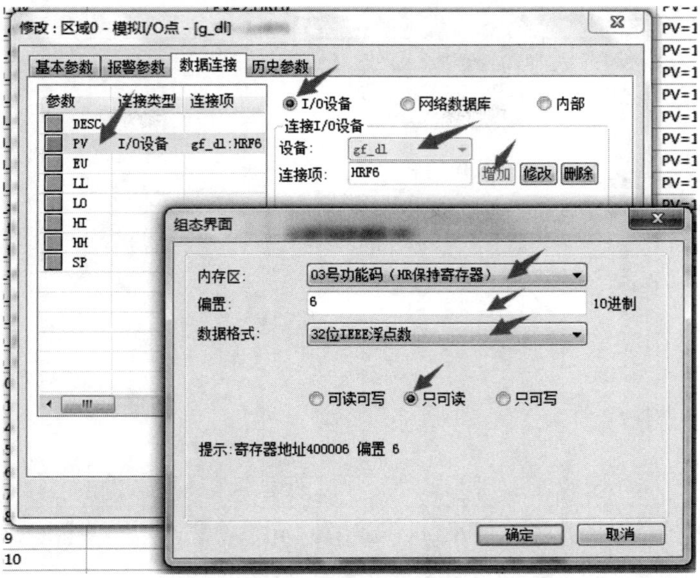

图 6.2.12　关联设置

（4）历史参数设置。

历史参数设置是只针对需要报表采集时点的设置，如图 6.2.13 所示，变量必须选“PV”，右边的数据定时保存时间为要求的时间，时间设定好点击“增加”，然后点击“确定”退出。

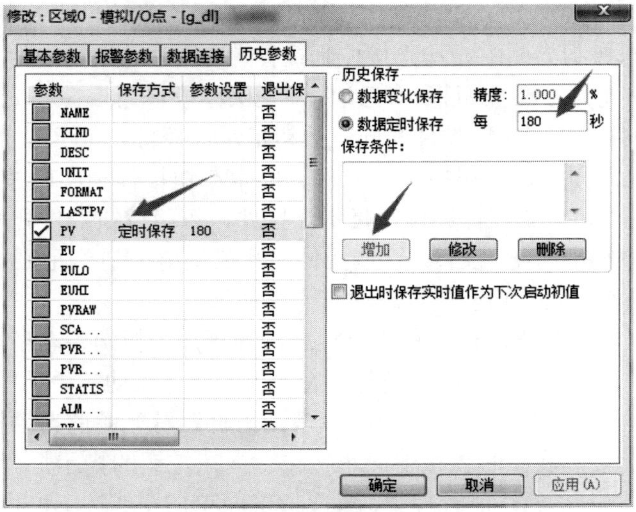

图 6.2.13　历史参数设置

（5）光伏输出功率数据库组态设置。

选择“运算点”进入参数设置，运算操作为“乘法”，设置方式如图 6.2.14 所示。

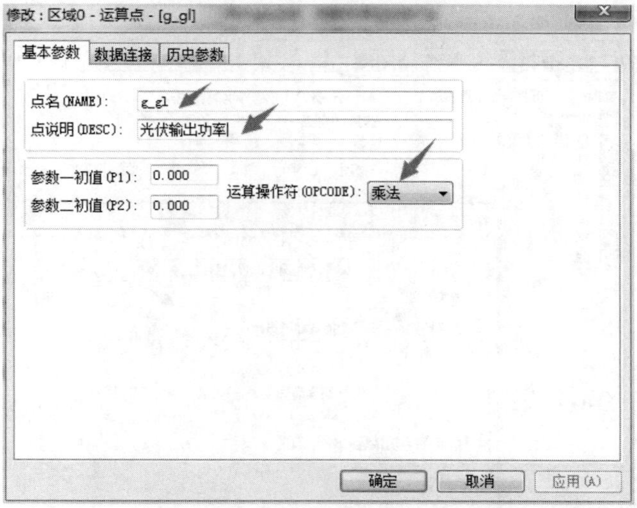

图 6.2.14　输出功率组态设置

PLC、变频器等设备的设置方式与智能仪表大同小异，不再赘述。窗口的建立以及各精灵的设置方式在组态应用技术课程中已经掌握，这里不再表述，读者可结合后面的任务实施及本任务所讲加以实践应用。

【任务实施】

以 KNT-SPV02 型光伏发电实训系统为研究对象，设计光伏供电控制界面。要求：

（1）在光伏供电控制界面中设计光伏控制控件：光伏手动控制控件、光伏自动控制控件、光伏启动按钮控件和光伏启动按钮指示灯控件、光伏停止按钮控件和光伏停止按钮指示灯控件、光伏急停按钮控件、向东按钮控件和向东按钮指示灯控件、向西按钮控件和向西按钮指示灯控件、向北按钮控件和向北按钮指示灯控件、向南按钮控件和向南按钮指示灯控件、灯 1 控件和灯 1 指示灯控件、灯 2 控件和灯 2 指示灯控件、东西按钮控件和东西按钮指示灯控件、西东按钮控件和西东按钮指示灯控件。这些控件与光伏供电控制单元中相应的按钮、旋钮、急停按钮、指示灯的名称对应、功能一致。动作要求如下：

①光伏供电控制单元的选择开关有两个状态，选择开关拨向手动控制状态时，PLC 可以进行灯 1 和灯 2 的状态控制、光伏电池组件跟踪光源、摆杆运动的手动控制；选择开关拨向自动控制状态时，按下启动按钮，PLC 执行光伏电池组件跟踪光源的自动控制程序。

②PLC 处在手动控制状态时，按下向东按钮，向东按钮的指示灯亮，光伏电池组件向东偏转。在光伏电池组件向东偏转的过程中，再次按下向东按钮或按下停止按钮或按下急停按钮时，向东按钮的指示灯熄灭，光伏电池组件停止偏转运动。光伏电池组件向东偏转处于限位位置时，向东按钮的指示灯熄灭，光伏电池组件停止偏转运动。

如果按下向西按钮，向西按钮的指示灯亮，光伏电池组件向西偏转。在光伏电池组件向西偏转的过程中，再次按下向西按钮或按下停止按钮或按下急停按钮时，向西按钮的指示灯熄灭，光伏电池组件停止偏转运动。光伏电池组件向西偏转处于限位位置时，向西按钮的指示灯熄灭，光伏电池组件停止偏转运动。

光伏电池组件向东偏转和向西偏转在程序上采取互锁关系。向北按钮和向南按钮的作用与向东按钮和向西按钮的功能相同，光伏电池组件向北偏转和向南偏转在程序上采取互锁关系。

③PLC 处在手动控制状态时，按下灯 1 按钮，灯 1 和灯 1 按钮指示灯亮，再次按下灯 1 按钮或按下停止按钮或按下急停按钮时，灯 1 和灯 1 按钮指示灯熄灭。按下灯 2 按钮，灯 2 和灯 2 按钮指示灯亮，再次按下灯 2 按钮或按下停止按钮或按下急停按钮时，灯 2 和灯 2 按钮指示灯熄灭。

④PLC 处在手动控制状态时，按下东西按钮，东西按钮的指示灯亮，摆杆由东向西方向移动。在摆杆由东向西方向移动的过程中，再次按下东西按钮或按下停止按钮或按下急停按钮时，东西按钮的指示灯熄灭，摆杆停止运动。摆杆由东向西方向移动到达东限位位置时，东西按钮的指示灯熄灭，摆杆停止移动。

如果按下西东按钮，西东按钮的指示灯亮，摆杆由西向东方向移动。在摆杆由西向东方向移动的过程中，再次按下西东按钮或按下停止按钮或按下急停按钮时，西东按钮的指示灯熄灭，摆杆停止运动。摆杆由西向东方向移动到达西限位位置时，西东按钮的指示灯熄灭，摆杆停止移动。

摆杆由东向西方向移动和摆杆由西向东方向移动在程序上采取互锁关系。

⑤PLC 处在自动控制状态时，按下启动按钮，灯 1 和灯 2 亮，摆杆向东移动，光伏电池组件进行对光跟踪。摆杆向东移动到达东限位位置时停止移动，当光伏电池组件对光跟踪结束时，摆杆由东向西方向移动，光伏电池组件又进行对光跟踪。摆杆到达垂直接近开关位置时停止移动，光伏电池组件对光跟踪结束时，灯 1 和灯 2 熄灭，自动程序结束。光伏电池组件处于对光跟踪的过程中，按下停止按钮或按下急停按钮时，自动程序结束。

（2）在光伏供电控制界面中设计摆杆限位开关控件和摆杆限位指示灯控件，要求与实际的摆杆限位开关功能一致。当摆杆运动到达限位时，相应的摆杆限位指示灯控件亮。

（3）在光伏供电控制界面中设计光伏电池组件限位开关控件和限位指示灯控件，要求与实际的光伏电池组件限位开关功能一致。当光伏电池组件运动到达限位时，相应的光伏电池组件限位指示灯控件亮。

（4）S7-200 CPU226 PLC 处在自动控制状态时，点击光伏自动控制控件和光伏启动按钮控件，光伏启动按钮指示灯控件点亮、光伏供电控制单元的启动按钮指示灯亮，组件自动控制要求如下：

PLC 处在自动控制状态，按下启动按钮，灯 1 和灯 2 亮，摆杆向东移动，光伏电池组件进行对光跟踪。摆杆向东移动到达东限位位置时停止移动，当光伏电池组件对光跟踪结束时，摆杆由东向西方向移动，光伏电池组件又进行对光跟踪。摆杆到达垂直接近开关位置时停止移动，光伏电池组件对光跟踪结束时，灯 1 和灯 2 熄灭，自动程序结束。光伏电池组件处于对光跟踪的过程中，按下停止按钮或按下急停按钮时，自动程序结束。

（5）在光伏供电控制界面中设计一个光伏电池组件输出功率指示灯控件，在灯 1 和灯 2 点亮的情况下，当光伏电池组件输出功率达到最大输出功率的 90%以上时，该指示灯控件亮。

（6）通信电缆线焊接。KNT-WP01 型风光互补发电实训系统上的 COM1、COM2、COM3、COM4、COM5、COM6 已拆除，利用通信电缆线和通信用的接插头焊接 COM1、COM2、COM3、COM4、COM5、COM6，使用正常。

【项目总结】

本项目通过介绍力控组态软件的安装与使用方法后，通过一个典型的实际例子讲述了光伏监控系统的基本设置方式，并借助 KNT-WP01 型风光互补发电实训系统进行安装与调试实践。实际上组态监控系统的安装与调试是一个庞大而又系统的工程，本项目所列举的只是个别案例的应用，读者可以结合更多的组态软件教程进行更多的实践，这必将为功能更强大的组态监控系统的设计、安装与调试奠定坚实的基础。

【项目训练】

1．列举市场上的常用组态类型。
2．力控组态软件在使用时需要注意什么？
3．力控组态软件安装完成后如何卸载？并上机实践。
4．力控提供的加密锁需要安装程序么，怎么做？并上机实践。
5．不小心在工程管理器中将工程删除了，如何恢复？上机实践。
6．力控支持数组么？请上机验证。
7．力控支持 Flash 动画么？请上机验证。
8．力控的通讯设置需要注意什么？

参考文献

[1] 詹新生．光伏发电系统工程技术．北京：机械工业出版社，2013．

[2] 颜慧．太阳能光伏发电及应用技术．北京：中国水利水电出版社，2014．

[3] 杨贵恒．太阳能光伏发电系统及应用．北京：化学工业出版社，2012．

[4] 李忠实．太阳能光伏发电系统．北京：化学工业出版社，2012．

[5] 廖东进．光伏电站建设与施工．北京：化学工业出版社，2013．

[6] 郭家宝．光伏发电站设计关键技术．北京：中国电力出版社，2014．